国家自然科学基金项目（51764010，51874109）
贵州省科技支撑计划项目（黔科合支撑[2019]2861）
贵州省优秀青年科技人才培养计划（黔科合平台人才[2019]5674）
贵州理工学院学术新苗培养及探索创新项目（黔科合平台人才[2017]5789-14）
贵州理工学院高层次人才科研启动经费项目

厚松散层薄基岩条带采空区下
煤层开采覆岩与地表移动规律及控制

许猛堂　／　著

中国矿业大学出版社
·徐州·

内 容 提 要

本书研究分析了条带采空区下煤层开采覆岩与地表移动规律,通过构建条带采空区下关键层破断结构力学模型,对关键层破断所处上覆采空区和留设煤柱的具体位置进行初次和周期性破断规律分析,同时对相应的覆岩活动与地表沉陷规律之间的相关性进行系统分析,探索条带采空区下煤层开采覆岩活动机理,为确定条带采空区下采场支架合理工作阻力和控制地表变形奠定基础。所述内容具前瞻性、先进性和实用性。

本书可供采矿工程及相关专业的科研与工程技术人员参考使用。

图书在版编目(CIP)数据

厚松散层薄基岩条带采空区下煤层开采覆岩与地表移
动规律及控制 / 许猛堂著. —徐州:中国矿业大学出
版社,2020.6
    ISBN 978-7-5646-4760-5

Ⅰ. ①厚… Ⅱ. ①许… Ⅲ. ①薄煤层－煤矿开采－岩
层移动－研究 Ⅳ. ①TD823.25

中国版本图书馆 CIP 数据核字(2020)第096253号

书　　名	厚松散层薄基岩条带采空区下煤层开采覆岩与地表移动规律及控制
著　　者	许猛堂
责任编辑	王美柱
出版发行	中国矿业大学出版社有限责任公司
	(江苏省徐州市解放南路　邮编 221008)
营销热线	(0516)83884103　83885105
出版服务	(0516)83995789　83884920
网　　址	http://www.cumtp.com　**E-mail**:cumtpvip@cumtp.com
印　　刷	江苏淮阴新华印务有限公司
开　　本	787 mm×1092 mm　1/16　**印张** 8.75　**字数** 218 千字
版次印次	2020 年 6 月第 1 版　2020 年 6 月第 1 次印刷
定　　价	48.00 元

(图书出现印装质量问题,本社负责调换)

前　言

　　目前,我国煤炭采出率相对偏低,"三下"压煤采出率低是其主要原因之一。为了控制地表沉陷,条带开采应用较为广泛,但随着开采强度的不断加大,我国大部分矿区第一层主采煤层已基本开采完毕,正进行第二、三层主采煤层的开采,甚至少数矿区开采深度已超过千米。由于上部煤层采用条带开采且上下煤层间距较小,上覆条带采空区和留设煤柱势必造成下伏煤层开采受力不均匀、局部范围存在应力集中的现象,从而造成工作面来压异常,甚至造成支架压架、损坏等事故,威胁下煤层安全高效开采。国内外学者在条带开采技术方面做了大量的研究,尤其在条带开采地表变形、煤柱合理尺寸以及煤柱强度等方面进行了大量的基础研究与现场实践,取得了丰富的研究成果,但大多数研究成果主要集中在条带开采煤层本身,有关下伏煤层开采工作面应力、覆岩活动及地表沉陷规律的研究相对较少。

　　基于此,本书研究分析条带采空区下煤层开采覆岩活动及地表变形特征,通过构建条带采空区下关键层破断结构力学模型,对关键层破断所处上覆采空区和留设煤柱的具体位置进行初次和周期性破断规律分析,同时对相应的覆岩活动与地表沉陷规律之间的相关性进行系统分析,探索条带采空区下煤层开采覆岩活动机理,为确定条带采空区下采场支架合理工作阻力和控制地表变形奠定基础。主要研究成果如下:(1)基于厚松散层薄基岩赋存条件下煤层开采相关研究资料,总结并归纳了厚松散层薄基岩赋存条件对工作面开采覆岩活动以及地表沉陷的影响规律,并对关键层初次及周期性破断特征进行了分析,认为厚松散层下关键层覆岩压力宜采用普氏地压理论来计算。(2)数值模拟和相似材料物理模拟结果表明,在相同条件下(黄土层厚度从 300 m 增加至 500 m,基岩厚度从 60 m 增加至 90 m),黄土层和基岩厚度的增大都能够降低地表沉陷,且地表深陷呈非线性减小趋势,但基岩厚度的增加对控制地表沉陷的效果更显著,基岩起着阻止黄土层沉降的控制层的作用。(3)根据关键层岩梁破断两端位置情况,将初次来压和周期来压岩梁破断情况分为 4 类,并分别构建了条带开采下煤层开采初次来压以及周期来压力学模型,通过理论推导了初次来压和周期来压步距公式,并依据公式分析了关键层载荷、岩性以及上煤层条带采宽留宽对关键层初次来压和周期来压步距的影响规律。(4)在研究条带采空区下关键层破断特征的基础上,分析了关键层初次来压与周期来压的"支架-围岩"关系,并根据支架与围岩作用过程中支架的结构受力特征建立了相应的力学模型,从理论上确定了条带采空区下煤层开采支架的合理工作阻力,并通过实例验证了理论计算得出的支架工作阻力的合理性。

　　关键层初次来压时支架合理支护阻力为:

$$R_{D0} > b \left[\frac{P_1(1-k_1)K + P_1 + P_2(1-k_2)}{1+K} - \frac{k_1 P_1 + P_2(1-k_2)}{(1+K)(i-\sin \theta_1)} \right]$$

关键层周期来压时支架合理支护阻力为：

$$R_D \geqslant \frac{2i(1-\sin \theta_1) - (1+k_{01})\sin \theta_1 - 2k_{01}\cos \theta_1}{2i + \sin \theta_1(\cos \theta_1 - 2)} b P_{01}$$

由于笔者水平所限，书中难免存在不妥之处，恳请读者批评指正。

著 者

2020 年 3 月于贵州理工学院

目 录

1 绪 论

1.1 问题的提出与研究意义

我国煤炭资源丰富,目前已经探明的煤炭资源量约为 1.48×10^{12} t[1],且煤炭作为我国经济和社会发展的主体能源,在我国一次能源消耗中一直处于支配地位,但目前我国煤炭采出率相对偏低,仅为 $40\% \sim 60\%$[2-3],"三下"压煤采出率低是其主要原因之一。为了控制地表沉陷,条带开采因具有既能够控制开采成本,又能够保护地表建筑物的优点,在我国"三下"采煤中得到了广泛应用[4-9]。随着我国东部地区煤炭资源的枯竭,中部地区资源与环境约束的矛盾加剧,充填开采[10-18]和宽条带开采[19-22]逐渐成为建(构)筑物下采煤减小沉陷的研究热点。

随着开采强度的不断加大,中东部矿区第一层主采煤层已基本开采完毕,大部分矿区已进行第二、三层主采煤层的开采,甚至少数矿区开采深度已超过千米。由于上部煤层采用条带开采且上下煤层间距较小,上覆条带采空区和留设煤柱势必造成下伏煤层开采受力不均匀、局部范围存在应力集中的现象,从而造成工作面来压异常。若支架选型仍按常规设计的话,则容易造成支架压架、损坏等事故,从而威胁下煤层安全高效开采。目前,国内外学者在条带开采技术方面做了大量的研究,尤其在条带开采地表变形、煤柱合理尺寸以及煤柱强度等方面进行了大量的基础研究与现场实践,取得了丰富的研究成果[23-36],但大多数研究成果主要集中在条带开采煤层本身,有关下伏煤层开采工作面应力、覆岩活动及地表沉陷规律的研究相对较少。随着煤炭资源的大规模开采,条带采空区下煤层长壁开采的情况将越来越多,迫切需要加强相关基础研究。

在条带采空区下进行近距离煤层长壁开采时,主要存在以下几个方面问题:(1)由于采空区空间的增加,采动覆岩移动范围增大,在大空间开采与重复采动扰动条件下覆岩的移动特征如何?(2)在上覆采空区与留设煤柱下,下伏关键层应力如何分布,应力集中情况如何?(3)下伏长壁工作面初次来压步距及周期来压步距如何计算?(4)下伏工作面来压时支架工作阻力如何设计与确定?(5)在集中应力与采动应力双重作用条件下,覆岩活动与地表沉陷规律将如何变化?(6)上煤层工作面留设的煤柱是否与下伏关键层同时切落,关键层滑落失稳是否会造成液压支架压架事故?

本书拟在上述领域进行有益尝试,具有一定的前瞻性和理论价值及实践意义。研究成果将进一步充实条带采空区下煤层开采顶板控制理论、丰富岩层移动理论知识体系,为矿区安全高效高回收率开采煤炭资源奠定理论基础及提供技术支持,同时可为"三下"开采控制地表沉陷等提供理论借鉴。

1.2 国内外研究现状与存在问题

1.2.1 覆岩活动规律及控制研究现状

1916年,德国学者斯托克(K. Stoke)提出悬臂梁理论,有效地解释了采场周期来压现象[37];1928年,德国学者哈克(W. Hack)和吉里策尔(G. Giuitzer)等提出压力拱假说[37];20世纪50年代初,比利时学者拉巴斯(A. Labasse)提出预成裂隙假说,该假说揭示了煤层及其顶板预生裂隙的产生机理[38]。

此外,A. Sirivardane[39]、L. Wood[40]分析了采动覆岩的垮落条件和垮落高度、覆岩产生离层裂缝的力学条件及离层裂缝的位置和高度等;M. Karmis等[41]、G. Hasenfus等[42]和V. Palchik[43]研究了覆岩采动裂隙动态分布规律,认为长壁开采覆岩存在三个不同的移动带;L. Holla[44]对水体下煤层开采的岩层移动规律进行了研究和探索;英国和美国主要采用房柱式采煤方法来控制地表沉陷[45-46];印度和南美采用房柱式开采,在覆岩稳定性方面进行了研究[47-49];苏联学者 B. Д. 斯列萨列夫提出用等效梁代替板,并给出了近似计算方法[50]。

国内学者对煤炭开采所引起的覆岩结构动态演化及破坏特征进行了大量的基础研究和工程实践,针对采动覆岩结构提出了多种理论,具有代表性的有砌体梁理论、关键层理论及传递岩梁理论等。

钱鸣高院士提出了砌体梁与岩层控制的关键层理论,该理论较为系统地阐述了覆岩中的载荷分布规律、关键层的初次破断及周期性破断规律,建立了砌体梁结构力学模型,并给出了关键层块体铰接结构的失稳判别方法;同时也研究了关键层破断下沉对工作面矿压显现、覆岩运移及地表沉陷的影响。该理论在我国岩层移动与控制方面取得了良好的实际应用效果[51-62]。

宋振骐院士提出了传递岩梁理论[38,63],给出了采场周期来压的运移步距计算方法,有效地指导了矿山安全生产,对地下开采引起的部分矿山地质灾害起到了预防作用。

另外,国内学者[64-69]根据不同开采条件提出了一些假说和理论,进一步丰富了岩层控制理论。如刘天泉院士等提出了"上三带"理论,并形成了以"上三带"理论为基础的顶板控制预测技术;吴绍倩等运用能量守恒原理解决了一些矿山压力问题;靳钟铭等针对采场坚硬顶板问题提出了悬梁结构;贾喜荣等运用薄板理论分析了采场矿山压力。

目前,与本书相关的具体研究成果主要体现在以下三个方面:

(1) 初次采动覆岩结构及其稳定性控制机理

① 以华东各大矿区长壁采场为主要试验基地,在关键层、传递岩梁等理论的基础上,研究了采场覆岩的破断规律,并提出了各种条件下工作面顶板结构。代表性的成果有曹树刚[70]提出的"复合压力拱"结构、靳钟铭等[71]提出的"拱式和半拱式"结构、古全忠等[72]提出的"拱-梁"结构、张顶立等[73-74]提出的"半拱"结构、翟英达等[75]提出的"面接触块体"结构、

闫少宏等[76]提出的"短悬臂梁-铰接岩梁"结构、吴立新等[77-78]提出的"托板控制岩层变形"模式、蒋金泉[79]提出的"岩板"结构、姜耀东等[80]建立的均布载荷下"连续深梁"力学结构模型等。

② 数值模拟和现场实测技术在覆岩活动规律研究中得到了广泛应用，这使得长壁采场空间结构的概念更为清晰，形式更为明确。如姜福兴等[81]提出的"θ"形、"O"形、"S"形、"C"形结构，谢广祥等[82-84]提出的"宏观应力壳"结构等。

③ 对西部浅埋煤层顶板结构的探索。如黄庆享[85]在分析浅埋煤层矿压显现特征的基础上，提出了基本顶初次破断的"非对称三铰拱"结构以及周期性破断时的"短砌体梁"与"台阶岩梁"结构等。王旭锋[86]针对我国西北矿区冲沟发育的地貌特征而导致的井下工作面矿压显现剧烈的情况，对薄基岩型和沙土质型采动坡体活动特征进行了分析，并提出了控制机理。伍永平等[87]研究了大倾角煤层开采的覆岩破断结构，提出了大倾角煤层采场顶板的"倾斜砌体"结构。杨俊哲[88]指出 7 m 大采高工作面关键层一般以"悬臂梁"结构存在，且埋深对大采高工作面矿压显现影响较大。韩刚等[89]针对多层坚硬砂岩条件，分析了采场覆岩空间破裂与采动应力场分布的关联性，并认为覆岩破裂剧烈区与超前支承压力峰值点相距较近或重合时易发生冲击地压。来兴平等[90-91]研究了顶板破断过程中能量与时间的关系，并认为工作面来压是一次或者多次顶板断裂所导致的。庞义辉等[92]提出了超大采高工作面顶板岩层断裂的"悬臂梁＋砌体梁"结构及其稳定性控制技术。杨胜利等[93]研究了大采高工作面覆岩活动规律，并提出下位关键层破断呈单结构形态，上位关键层破断能够形成铰接稳定结构，工作面顶板控制的关键为下位关键层的稳定性。汪北方等[94]利用岩柱法修正了关键层结构参数，并提出改进后的工作面来压支架-围岩关系力学模型。王云广等[95]和杨达明等[96]分析了高强度开采下覆岩裂隙特征、运移特征及其机理。李建伟等[97]研究了沟谷下煤层开采覆岩活动规律，并认为过沟谷区域进行上坡开采时，采场顶板易发生动压事故，容易诱发地表滑坡、塌陷等地质灾害。

④ 中深部开采。郭文兵等[98]对覆岩破坏充分采动程度进行了定义并给出了判别方法。韩红凯等[99]建立了关键层结构滑落失稳后的力学模型，分析了关键层失稳块体的运动特征与"再稳定"条件。谭毅等[100]对采空区上覆岩层"两带"高度进行了研究，揭示了非充分采动下浅埋深坚硬顶板"两带"高度及其变化规律。张培鹏等[101]提出单层硬厚岩层初次破断前、周期破断阶段分别形成"T"形、"Γ"形覆岩结构；两层硬厚岩层条件下，下位硬厚岩层破断前形成"T"形覆岩结构。李杨等[102]通过分析"顶板-支架-空巷-煤柱-实体煤"之间关系，推导出了工作面支架过小煤窑巷道阶段的合理工作阻力计算公式。

⑤ 厚煤层开采覆岩活动规律。于斌等[103-104]基于能量变分原理建立了大空间采场覆岩结构力学模型，揭示了大空间采场覆岩结构的矿压作用机制。许猛堂[105]提出并证实了巨厚煤层覆岩在大尺寸开采空间和多次分层重复扰动条件下呈现"结构突变失稳"及"岩块二次破断"特征，并进一步揭示了巨厚煤层覆岩不同结构形态的产生机理。翟新献等[106]指出厚煤层综放开采基本顶来压后，工作面前方支承压力趋于稳定，主要表现为应力集中系数和塑性区范围基本保持不变。李鹏[107]分析了坡体角度、坡体高度、沟底最小埋采比对不同赋存结构类型冲沟坡体下工作面安全距离的影响特征，确定了安全保护煤柱的留设方法。

赵杰[108]揭示了沟谷区域浅埋煤层开采煤岩层原岩应力场受地表沟谷形态影响的埋深效应，并建立了沟谷区域浅埋特厚煤层顶板悬臂梁受非均布载荷的力学分析模型。

⑥ 以张东升教授为首的科研团队[109-120]通过理论分析、数值模拟和相似模拟手段对神东、伊泰矿区浅埋薄基岩煤层开采覆岩运动及裂隙发育规律进行了研究，建立了薄基岩煤层工作面力学结构模型，提出薄基岩浅埋煤层保水开采适用条件分类方法以及开采覆岩裂隙分布特征；基于西部浅埋煤田地表生态极其脆弱的特点，提出了浅埋煤层开采与地表生态环境保护相互响应机理；将氡气探测技术引入了地下开采覆岩采动裂隙动态发育过程研究中，提出用氡气异常系数来判断基本顶是否发生破断。

（2）重复采动覆岩移动与控制

国内外学者对重复采动时覆岩裂隙发育特征以及地表沉降规律等进行了研究[121-134]，主要体现在：

① 重复采动覆岩"两带"发育特征。学者们[135-141]主要以中厚煤层分层开采为工程背景，提出了采动裂隙"活化"机理，分析了"活化"下沉系数与开采次数的关系，通过现场实测等方法得出了重复开采时采动裂隙的发育特征及覆岩"两带"高度的预计方法，总结出了覆岩破裂高度与煤层采厚的关系，认为分层数量增加会导致裂隙发育程度减弱，将有利于开采。管伟明[142]提出了巨厚煤层分层开采顶板结构三阶段演变的概念，建立了初期铰接、中期悬臂及后期散体的三阶段力学模型。赵军[143]提出了不同煤层开采时破断顶板群发育扩展高度预计方法，得到了"遗留煤柱-破断顶板群结构"共同作用下工作面支护强度计算公式。

② 浅埋近距离煤层群重复采动关键层结构失稳机理。朱卫兵[144]通过对浅埋近距离煤层重复采动关键层结构运动规律的研究，认为重复采动、关键层部分缺失是工作面产生动载的根本原因。张百胜[145]认为下部煤层开采顶板结构为"块体-散体"，对下部煤层覆岩结构稳定性进行了分析，并给出了工作面支架载荷的确定方法。白雪斌[146]对近距离煤层开采后关键层结构破断关系进行了分析，认为远场与近场关键层破断块体联动效应为工作面产生强动压的根本原因。胡青峰等[147-148]反演分析了两煤层重复开采时覆岩沉陷规律、离层发育规律以及煤柱群垮塌规律。潘瑞凯等[149]对浅埋近距离双厚煤层开采覆岩裂隙发育规律进行了研究，认为采动空隙场呈"双拱"形态。杨国枢等[150]指出下部煤层开采导致直接顶向更高更远处发展，形成了典型的"垮落带累加"的采场覆岩结构。刘世奇等[151]基于开采沉陷规律和时间效应，研究并提出了两层及以上近距离煤层组（群）开采时"两带"高度预计方法。

（3）留设煤柱下煤层开采覆岩移动与控制

王秀元[152]针对上覆房式采空区集中煤柱下开采产生的动载矿压灾害进行了研究，并提出了防治措施。李康[153]对上覆残采煤层不均衡空间结构冲击致灾进行了研究，并指出工作面覆岩的运移都呈现倒"U"形分布形态，下层工作面靠近上部不均衡开采空间时，裂隙有明显向前发育现象。赵忠[154]分析了采空区保护煤柱对下层煤开采覆岩移动的影响。王业恒[155]指出在煤柱集中应力的作用下，直接顶裂隙发育减弱了工作面端面顶板的稳定性，基本顶破断块度减小，易于形成沿端面的切顶，在工作面形成频繁的周期来压现象，不利于顶板的管理。王方田[156]针对浅埋房式采空区下近距离煤层长壁开采覆岩运动规律及控制进行了研究,建立了浅埋房式采空区下近距离煤层长壁开采覆岩运动结构模型,提出了支架合理工作阻力计算方法和直接顶发生切冒的判据,并揭示了浅埋房式采空区下煤层开采深孔预裂爆破强制放顶防治顶板大面积来压的机理。

1.2.2　地表变形规律及控制研究现状

“三下”采煤的地表沉陷控制问题一直是国内外学者研究的热点,经过几十年的基础研究与工程实践,得出的控制方法主要有两类:(1)控制地表绝对沉陷,如采用部分(条带、房柱式、限厚)开采、充填开采等方法;(2)控制地表相对变形,如采用协调开采、分层开采等方法。本书主要对条带开采与充填开采的国内外研究现状进行分析。

1.2.2.1　条带开采的国内外研究现状

条带开采法由于能有效地控制上覆岩层运动和抑制地表变形,在我国“三下”采煤中得到了广泛应用。其优点是不仅能保护地表建筑物,不会增加成本,而且管理相对简单,能够实现安全开采;其缺点也非常明显,即采出率相对较低,在目前煤炭资源紧缺的条件下,这一缺点也同样制约着条带开采方法的进一步推广和应用。

(1)国内外的研究与应用

条带开采法在20世纪50年代在欧洲主要采煤国家应用较为广泛,如英国、波兰、苏联等,主要应用于开采村庄和城市下压煤。上述几个国家应用条带开采法的煤层条件一般为浅埋深(埋深小于500 m),只有少数矿区达到千米左右,且采高相对较小,一般在2 m左右,少部分能够达到4 m左右,回采率一般为40%~60%,其主要优势在于地表下沉系数小,一般小于0.1,深部条带开采地表下沉系数相对较大,通常用全部垮落法处理采空区。尽管这些国家针对条带开采实践做了大量的研究工作,但由于煤炭资源有限以及环境保护的要求,条带开采并未在这些国家获得进一步的发展,比如条带开采优化设计、合理采宽留宽设计、地表移动规律以及变形监测预测等方面的研究都相对较少。

我国从1967年开始采用条带开采法控制地表沉陷、开采“三下”压煤,经过半个多世纪,在全国进行了几百个条带工作面的开采研究,通过优化设计以及现场实践取得了较为丰硕的成果[157-170]。目前,在条带开采法的基础上,进一步研究宽条带开采以及宽条带充填全柱开采方法。

(2)条带开采研究方法

为了研究条带开采引起的覆岩与地表沉陷预计、地表移动规律,国内学者采用了唯象法、连续介质力学法、相似材料物理模拟方法、数值分析方法等,并得出了许多有价值的结论。

① 唯象法

唯象法是指根据现象或者输入输出得出定量或定性的关系。唯象法主要用于条带开采后的地表沉陷预测,可以根据少量参数,如工作面尺寸、岩体岩性等来拟合地表变形情况,得到的结果相对可靠,其缺点为精度较低。

② 连续介质力学法

连续介质力学法针对条带开采后的实际条件设置一定的边界和初始条件,将岩体作为连续介质,通过建立和边界条件相关的力学模型来获得覆岩运动和地表变形的预计方法,主要可以分为组合梁理论、岩梁理论、托板理论及层状介质理论等。有关条带开采变形预计的方法虽然较多,但其精度都相对不高,主要在于煤炭资源开采后的地表沉陷机理尚不明确。

③ 相似材料物理模拟方法[171-173]

相似材料物理模拟是目前研究条带开采后地表变形规律的一种常用方法,其主要以相似理论为指导,在实验室以一定的比例缩小还原开采条件,在一定程度上能够再现开采的覆岩活动以及地表沉陷情况,可以定性分析条带开采后的覆岩及地表变形情况。

相似材料物理模拟研究虽然可以直观地反映开采后覆岩以及地表变形破坏的过程,但其和实际条件的误差与覆岩参数的选取以及测量手段有直接的关系,这些都造成其精度相对较低。比如各岩层的力学参数不可能都通过现场实测获取,取样以及试验费用太高,即使做了相关力学参数测试,也仅代表几个钻孔的情况;各岩层的厚度、倾角等都不可能还原实际情况;目前观测相似材料物理模拟试验地表沉陷的精度也有限,能够得到一些定性的规律而不能做有效定量的分析。这在一定程度上限制了该方法的应用。

④ 数值分析方法[174-177]

在条带开采中研究覆岩活动规律或地表沉陷情况,常用的数值分析方法有有限元、离散元、边界元等方法,涉及的主要软件有 FLAC、UDEC、PFC 等。

数值分析方法主要根据岩体的不同属性,赋予岩体性能参数值,如岩体的抗拉强度、抗压强度、内聚力、内摩擦角、弹性模型等相关参数,选择研究区域并附上相关边界条件和屈服模型,通过软件中的技术方法来定量和定性分析煤层开采后覆岩的变形或应力变化规律。其优点在于运算时间短,可以在短期内获得结果,并且可以建立多种模型作对比,得到规律性的结论,比如对条带开采不同采宽留宽的对比、岩层厚度的变化、支护参数的不同以及开采煤层厚度的变化等都可以快速作出分析,可以为现场安全高效开采提供指导。目前,计算机技术的快速发展,使得数值分析方法运用较为广泛,但其同样也有一定的缺点,如精度不高等。

1.2.2.2 充填开采的国内外研究现状

充填开采方法因能有效控制地表沉陷且采出率高,在我国"三下"采煤中得到了广泛应用,其缺点在于成本和前期投入相对较高。根据充填开采物料是否含水,可以将充填开采工艺分为两大类,即干式充填和湿式充填。干式充填主要为矸石充填,湿式充填包括水砂充填、尾砂胶结充填、全尾砂胶结充填、膏体和似膏体充填以及高水材料速凝充填等。

（1）干式充填

干式充填的充填物料处于干燥无水状态。干式充填法在国外应用较早,主要将废石充入采空区,一方面可处理废石,另一方面可达到控制岩层移动以及地表沉陷的效果。我国在 20 世纪 50 年代左右引入干式充填法,其首先在围岩不稳定的非煤矿山中得到应用,随后应用于金属矿山,如铀矿、金矿、银矿、锰矿等。进入 21 世纪以来,矸石充填法逐渐应用于煤矿,一方面可解决矸石带来的地表环境问题,另一方面可以有效控制地表沉陷,逐渐成为充填开采的热门。我国学者缪协兴等[178-180]、张吉雄等[181-184]、黄艳利等[185-186]、吴晓刚[187]、周楠等[188-189]、张强等[190-191]、李猛等[192-193]在矸石充填岩层移动、矿山压力控制理论、液压支架选型以及防灾机理方面做了大量的研究工作,取得了丰硕的成果。

（2）水砂充填

水砂充填在20世纪40—50年代在澳大利亚、加拿大、波兰等国家有过较好的应用,其优点在于制备环节少和设备单一。我国于1911年由抚顺煤矿率先使用过水砂充填,中华人民共和国成立后水砂充填在金属矿得到了一定的应用;但由于充填体强度不高、排水费用高、充填量小等,水砂充填应用较为局限,逐渐被其他充填开采技术取代。

（3）尾砂胶结充填

20世纪60—70年代,我国煤矿开始应用尾砂胶结充填开采技术。此技术主要物料为水泥,与尾砂搅拌混合后用于充填。其主要优点在于强度高且输送方便,但同样有较大的缺点:一方面,主要原料之一为水泥,充填成本相对较高;另一方面,排水费用高,且污染严重。

（4）全尾砂胶结充填

在尾砂胶结充填基础上,国内外学者开始探索全尾砂胶结充填技术,将全尾砂脱水后形成高浓度尾砂浆,将其与一定量的水泥和水混合制成胶结体输送至工作面。该充填技术充填体强度高,且能够有效避免污水造成的环境问题,在20世纪八九十年代得到了广泛应用,其主要缺点为工艺复杂、成本较高。

（5）膏体和似膏体充填

膏体充填开采技术是在高浓度全尾砂充填基础上发展起来的充填技术,充填物料采用全尾砂或全尾砂与碎石的混合物,无须脱水即可泵入工作面进行充填作业,因其含水少,故能够减少废水污染及排水费用,并且充填体强度较高,同时能够降低充填成本,对地表沉陷控制效果较好,近年来在国内得到了较好的应用。国内学者周华强等[194]、瞿群迪等[195-196]、常庆粮等[197]、赵才智等[198-199]、戚庭野[200]、王光伟[201]以及孙恒虎团队[202-207]在采空区膏体充填岩层控制理论、地表沉陷控制理论、膏体充填材料性能以及材料浆体流变特性方面做了大量的研究工作。

（6）高水材料速凝充填

高水材料充填开采是近年来兴起的一种充填开采方法。其核心材料为钙矾石,将两种材料及催化剂搅拌混合形成无机高分子化合物,其强度随着时间的延长而变化,一般在7 d左右达到稳定状态,强度与其配合比相关,可以达到数兆帕,基本能够满足工作面充填的强度需求,可实现井下或地表管道输送充填。该充填方法的优点在于所用材料较少,水的体积分数能够达到85%以上,甚至在超高水充填材料中能够达到97%;其缺点在于充填输送工艺相对复杂,容易堵管,且材料抗风化性能较差,充填成本较高。国内学者孙恒虎等[208-210]、冯光明等[211-216]、孙春东[217]、张立亚[218]、贾凯军等[219-220]在高水/超高水速凝材料充填开采及应用、充填工艺系统、细微结构、制浆系统、充填开采覆岩活动规律与地表沉陷规律及其控制方面做了较为深入的研究,并应用于工程实践。

综上所述,国内外学者在煤炭资源开采后地表变形规律及控制上做了丰富的研究,和本书相关的重复采动下地表变形研究成果如下：

郭惟嘉等[221]指出在复杂地质构造区域重复采动时地表易发生非连续变形。王悦汉等[222-224]通过建立重复采动条件下岩层与地表移动的动态预测模型,较好地解决了岩层移动的大位移、变形问题。K. Wu 等[225]理论推导了重复采动条件下地表及岩体内部下沉系数的计算公式。高明中等[226]提出重复采动对岩层和地表的影响主要体现在三个方面：一是呈连续变形特征,不会出现大的台阶式下沉现象；二是连续移动变形量增大；三是重复采动时,岩层边界角较初次采动时有所减小。郭强[227]在分析厚煤层分层综放开采地表沉陷规律时,指出采用多区段分层错距下行式开采较区段分层下行式开采能有效减轻地表变形破坏程度。蒯洋等[228-229]研究了重复开采条件下地表变形规律,建立了地表变形参数与采动次数之间的关系模型。张广汉[230]利用模矢法和遗传算法预计了近水平煤层重复开采的地表移动变形规律。

1.2.3 存在的主要问题

纵观已有研究成果,目前关于条带采空区下煤层开采覆岩活动规律方面的研究主要集中于条带开采本煤层,有关下煤层受集中应力作用的覆岩活动与地表变形规律及其控制方面仍缺少深入的研究。已有研究成果主要存在以下问题：

(1) 在条带采空区下进行煤炭资源开采,下煤层覆岩关键层破断类型判别体系尚未形成。条带采空区下煤层开采与常规重复采动相比,其下煤层关键层所受应力发生较大的变化,随着下煤层工作面开采的进行,上覆采空区和留设煤柱下的关键层受力不均匀,使得下煤层各区段开采关键层初次来压和周期来压步距存在不规律特性,从而造成上覆岩层活动以及地表沉陷规律改变。下煤层开采各区段初次来压步距是否相同? 能否预测? 关键层周期来压步距是否大致相同? 尽管不少学者针对煤层重复采动条件下覆岩活动与地表沉陷规律开展了大量的理论研究与工程实践,但有关条带采空区下煤层开采覆岩及地表变形规律的基础研究甚少。

(2) 条带采空区下煤层开采支架与围岩作用机理不明。目前,关于重复采动条件下支架与围岩作用的有关理论研究,大多集中于关键层上作用的载荷为均布载荷,其受力的大小和作用位置较容易确定。而对于条带采空区下煤层开采而言,关键层的初次破断块体几乎不会呈现对称结构,其受集中力的位置也不为破断块体的中间部位,根据现有理论分析"支架-围岩"关系有较大的难度,各区段煤层开采初次来压的矿山压力显现都将不同,甚至同一区段各次周期来压的矿山压力显现都会有明显的差别,这都给条带采空区下煤层开采支架选型带来较大的难度。应该从采场上覆关键层所受应力不同的角度来研究覆岩控制问题,以认识条带采空区下煤层开采支架选型问题,而目前的研究成果还不能有效地指导条带采空区下煤层开采支架选型工作,因此,需要对条带采空区下采场的围岩控制理论做进一步的深入探讨。

1.3　研究目标与研究内容

1.3.1　研究目标

基于厚松散层薄基岩的典型地质特征,分析研究条带采空区下煤层开采覆岩活动及地表变形特征,构建条带采空区下关键层破断结构力学模型,对关键层破断所处上覆采空区和留设煤柱的具体位置进行初次和周期性破断规律分析,同时对相应的覆岩活动与地表沉陷规律之间的相关性进行系统分析,探索条带采空区下煤层开采覆岩活动机理,为确定条带采空区下采场支架合理工作阻力和控制地表变形奠定基础。研究成果可为条带采空区下煤炭资源开采提供基础理论依据。

1.3.2　研究内容与方法

本书研究技术路线如图 1-1 所示,主要研究以下内容:

(1)条带采空区下关键层受力特征

基于厚松散层薄基岩赋存条件下煤层开采相关研究资料,总结并归纳厚松散层薄基岩赋存条件对工作面开采覆岩活动以及地表沉陷的影响规律,建立条带采空区下关键层受力模型,并对关键层初次及周期性破断特征进行分析,为具体计算条带采空区下关键层破断步距提供依据。

(2)条带采空区下煤层开采覆岩活动及地表沉陷规律分析

通过数值模拟和相似材料物理模拟,分析条带采空区下煤层开采覆岩运动及地表沉陷规律,并研究上煤层不同采宽、留宽对地表变形的影响;通过对下煤层开采区段煤柱受力特征的分析,确定合理区段煤柱尺寸;针对厚黄土层薄基岩条件,分析不同黄土层、基岩厚度对地表变形的影响规律。

(3)条带采空区下关键层破断特征分析

基于数值模拟和相似材料物理模拟结果,建立条带采空区下煤层开采初次来压以及周期来压力学模型,并理论推导初次来压和周期来压步距计算公式,并依据公式分析关键层载荷、岩性以及上煤层条带采宽留宽对关键层初次来压和周期来压步距的影响规律,同时确定上覆条带采空区和留设煤柱对下伏关键层载荷的影响规律。

(4)支架合理工作阻力的确定

在研究条带采空区下关键层破断特征的基础上,分析关键层初次来压与周期来压时的"支架-围岩"关系,并根据支架与围岩作用过程中支架的结构受力特征,建立相应的力学模型,从理论上确定条带采空区下煤层开采支架的合理工作阻力;同时研究不同上覆岩层载荷、关键层岩性、上覆条带采宽留宽条件下,关键层破断的结构力学参数,并分析参数的变化规律。

(5)现场实测与工程验证

实测研究区域条带开采下地表变形情况,并利用相关研究资料所提供的地质条件实例

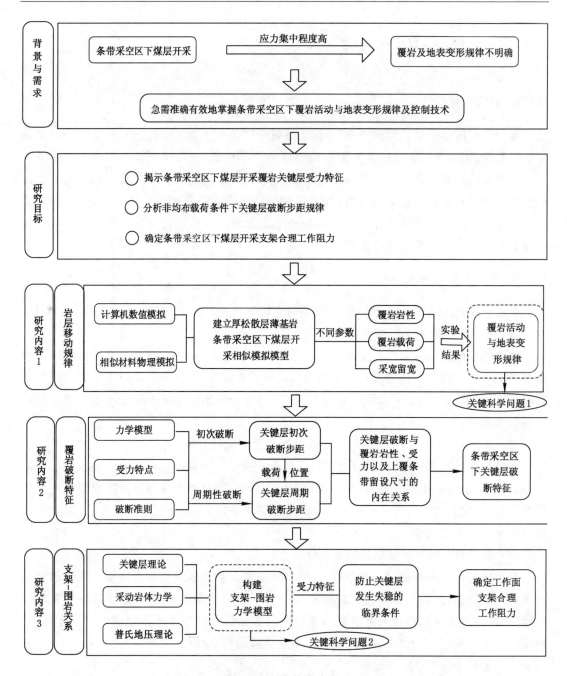

图 1-1　研究技术路线

确定初次来压以及周期来压步距,在此基础上从理论上确定液压支架的合理工作阻力,并与现场支架选型相比较,验证理论计算的支架工作阻力的合理性。

2 研究区域煤岩层地质特征

2.1 研究区域概况

曹村煤矿井田位于山西省临汾市北部霍州市东南约 7 km 处,地理坐标为东经 111°44′~111°48′,北纬 36°31′~36°33′。井田东西长 2.1~5.3 km,南北宽 2.5~3.5 km,面积 13.769 7 km²。

井田内有铁路专用支线 4.5 km,与其西约 4 km 处的南同蒲铁路在辛置站接轨。辛置站北距太原 221 km,南距陇海线孟塬站 307 km。矿区公路与太(原)—三(门峡)公路、大(同)—运(城)高速公路相连,且已与相邻井田的公路构成网络,交通方便。

井田位于临汾盆地北部霍山与吕梁山之间的峡谷地带,地形地貌属于切割强烈的黄土丘陵地貌,由东西向的沟、梁相间组成。区内最高点位于井田北部青郎坪村,标高为 +783 m,最低点位于西南部宋庄,标高为 +606 m,相对高差为 177 m。

2.2 煤　　层

2.2.1 含煤地层

该井田主要含煤地层为石炭系上统本溪组、上统太原组和二叠系下统山西组,自下而上分述如下。

(1) 石炭系上统本溪组(C$_2$b)

该地层为陆表海-海湾沉积。其下部为山西式铁矿及灰色铝质泥岩夹薄层粉砂岩,局部为具鲕状结构的铝质岩,为潟湖海湾沉积;中部为灰色团块状铝质泥岩夹薄层细砂岩,含 1~2 层不稳定的生物碎屑灰岩及 1~3 层极不稳定的薄煤层,其中 12 号煤层为不稳定的局部可采煤层;上部以黑色泥岩和粉砂岩为主,夹 1 层不稳定的生物碎屑灰岩。该地层厚度为 5~38 m,平均为 13.5 m。

(2) 石炭系上统太原组(C$_2$t)

该地层为陆表海沉积,岩性由砂岩、粉砂岩、砂质泥岩、泥岩、煤层和生物碎屑灰岩组成。本组含 K4、K3、K2、K1 标志层和 13 层煤层,其中可采及局部可采煤层 7 层,即 4、5、6、7、9、10、11 号煤层。该地层厚度为 61.5~100 m,平均为 81.5 m,南北两端厚、中部薄。

K1 标志层为浅灰色中、细砂岩,局部为粗砂岩,具波状层理或斜层理,为浅水三角洲河道沉积。厚 0.3～10.0 m,极不稳定。

K2 标志层为深灰色生物碎屑灰岩,上部质纯,中部夹燧石结核层(燧石结核层厚 0.2～2.3 m,一般为 1.0 m),下部夹有灰黑色泥岩,具水平层理。厚 7.0～11.5 m,平均 9.59 m,全区稳定。

K3 标志层为灰色-深灰色厚层状生物碎屑灰岩,局部相变为灰白色细砂岩。厚 7.07～11.68 m,平均 9.67 m。

K4 标志层为灰色-深灰色生物碎屑灰岩,夹燧石结核。厚 0～6.8 m,平均 2.3 m,由南往北增厚,北部厚度大且稳定性好。

K2、K3、K4 标志层均为浅海-台地沉积。

(3) 二叠系下统山西组(P_1s)

该地层为冲积平原沉积,岩性由砂岩、粉砂岩、砂质泥岩、泥岩及煤层组成。本组含 K7 标志层和 2 层可采、局部可采煤层(2、$2_下$ 号煤层)及 1～3 层极不稳定的不可采煤层。厚度为 9.5～36.0 m,平均为 24.0 m,厚度变化特征为中部较厚,向南北两侧及西部变薄。

K7 标志层为浅灰色-灰色薄至中厚层状细粒岩屑杂砂岩,具小波状或水平层理,局部相变为中粒砂岩或粉砂岩,层位比较稳定,厚度变化较大,最厚可达 10.7 m,平均 2.9 m,向西北部增厚,为浅水的支汊河道沉积。

2.2.2 可采煤层

该区所含可采和局部可采煤层为 2、$2_下$、4、5、6、7、9、10、11、12 号煤层,其中,2、9、10、11 号煤层为可采煤层,5、6 号煤层为大部或局部可采煤层,$2_下$、4、7、12 号煤层为极不稳定的局部可采煤层。它们的厚度、结构及间距等见表 2-1。对主要可采煤层 2、10、11 号煤层分述如下。

(1) 2 号煤层

该煤层位于山西组中部,距山西组底 K7 标志层 1.3～9.7 m,平均 3.4 m。煤层厚度稳定,厚 1.80～4.31 m,平均 3.2 m,局部受河道砂岩的冲刷(建造内冲刷)形成北东向的厚度变薄带,西部因风化剥蚀厚度变薄乃至尖灭。煤层结构较复杂,含夹石 0～3 层,夹石厚 0.05～0.5 m。

(2) 10 号煤层

该煤层直接顶为 9 号煤层底板,由于其间距小,顶板难以管理,多合并开采。

10 号煤层底板岩性变化大,多为中、细砂岩,局部为砂质泥岩和黑色泥岩,厚 1.85～8.06 m,平均 4.43 m。

(3) 11 号煤层

该煤层直接顶多为泥岩或砂质泥岩,厚 1.39～7.26 m,一般 4.30 m;基本顶为中、细砂岩,厚 1.5～1.9 m。

该煤层底板多为不稳定的细粒石英砂岩,局部为泥岩或粉砂岩,厚 0～12.13 m,一般厚 2.93 m。

表 2-1 可采和局部可采煤层特征

地层	煤层编号	煤层厚度 最小~最大（——）/m 平均	间距 最小~最大（——）/m 平均	夹石层数/层	顶板岩性	底板岩性	稳定性
山西组（P₁s）	2	1.80~4.31 / 3.2	0.92~5.76 / 4.32	0~3	泥岩、粉砂岩、中砂岩	泥岩、砂质泥岩	稳定
	2下	0~0.95 / 0.79	7.53~17.12 / 11.66	0~2	泥岩、粉砂岩	泥岩、砂质泥岩	极不稳定
太原组（C₂t）	4	0.30~0.93 / 0.56	2.62~6.83 / 5.41	0~1	碳质泥岩	泥岩、粉砂岩	极不稳定
	5	0~1.72 / 0.74	2.0~7.2 / 4.5	0~2	泥岩、砂质泥岩	泥岩、砂质泥岩	不稳定
	6	0~1.50 / 0.84	13.8~26.2 / 21.7	0~1	泥岩、砂质泥岩	泥岩、砂质泥岩	不稳定
	7	0~0.98 / 0.44	15.5~32.7 / 24.4	0~1	粉砂岩、泥岩、砂岩	粉砂岩、泥岩、砂岩	极不稳定
	9	0.65~1.60 / 0.90	0~2.56 / 0.77	0	石灰岩	泥岩、砂质泥岩	稳定
	10	1.34~3.05 / 2.54	6.68~15.63 / 9.08	0~3	泥岩、砂质泥岩	砂岩、泥岩、砂质泥岩	稳定
	11	1.25~2.99 / 2.00	3.0~16.4 / 9.4	0~3	泥岩、砂质泥岩、砂岩	泥岩、砂质泥岩、石英砂岩	稳定
本溪组（C₂b）	12	0~1.45 / 0.90		0~4	石灰岩、粉砂岩、泥岩	铝质泥岩、泥岩	极不稳定

2.3 厚松散层薄基岩特征

曹村煤矿位于临汾盆地北部霍山与吕梁山之间的峡谷地带,地表起伏较大,上覆岩土层总体特征是基岩薄、黄土层厚。主采的 2 号煤层为近水平煤层,厚度稳定,平均厚度为

3.2 m。采区上方被村庄和农用土地压覆,为了有效地控制地表沉陷,保护地面建筑物和生态环境,2 号煤层采用条带开采。曹村煤矿地表黄土层厚 300～500 m,基岩厚度变化幅度较小,为 60～90 m,黄土层厚度达到开采深度的 60%～80%,黄土层具有垂直节理发育和湿陷性等特性,其物理力学性质与岩层明显不同。在上覆基岩中,若干较坚硬的厚岩层往往是控制采场支承压力和岩层与地表移动的关键层。由于基岩薄,基岩层不能形成连续铰接稳定的"大结构",对地表变形的影响较大。

2.3.1 薄基岩对覆岩活动及地表沉陷的影响规律

2.3.1.1 薄基岩的定义

我国薄基岩下煤炭储量巨大,如煤炭探明储量约占全国十分之一的神东煤田其典型赋存特征之一即薄基岩。因存在不同的赋存特征,经过几十年的开采实践,我国学者对于薄基岩的定义仍未能统一。文献[231]认为基岩厚度小于 50 m 时即可认为是薄基岩,文献[232]认为基岩厚度小于 120 m 可称之为薄基岩。另外,一些学者[233-237]通过覆岩活动的"三带"规律来认定薄基岩条件,以覆岩垮落带高度和裂缝带高度为临界值:(1) 当基岩厚度 < 覆岩垮落带高度时,基岩可称之为超薄基岩;(2) 当覆岩垮落带高度 < 基岩厚度 < 覆岩裂缝带高度时,基岩可称之为薄基岩;(3) 当覆岩裂缝带高度 < 基岩厚度时,基岩可称之为正常条件下基岩。

结合本研究厚松散层实际条件,松散层厚度的增加势必将造成基岩上覆载荷的增加,从而导致基岩的加速破坏,影响上覆岩层的运动和工作面矿压显现规律。只有当基岩达到一定厚度时才能够形成稳定的铰接结构,则采用文献[232]给出的基岩厚度小于 120 m 来定义薄基岩。研究区域地表黄土层厚度可达 300～500 m,而 2 号煤层至黄土层底部的基岩厚度仅为 40 m,2 号煤层和 10 号煤层之间的基岩厚度也仅为 60 m,可认为是厚松散层、薄基岩条件。

2.3.1.2 薄基岩对地表变形及覆岩活动规律的影响

(1) 地表下沉系数偏大[238]

由于基岩厚度较小,在上覆载荷的作用下薄基岩更容易破断,从岩层破断下沉直至影响到地表变形的周期较短,这会造成地表下沉盆地变化加剧,地表变形量增加较大。另外,地表变形规律与薄基岩和重复采动、工作面走向倾向长度以及上覆载荷的组合关系密切相关。

(2) 地表容易发生"台阶式"下沉[239]

若工作面液压支架支护不及时或支护阻力不足,则关键层有可能发生整体式下沉,沿煤壁切断,此时上覆岩层活动剧烈且容易直接贯通地表,从而造成地表产生"台阶式"下沉。

(3) 关键层初次破断、周期性破断步距小[240]

当工作面开采时,基岩较薄无法承载上覆岩层压力,从而容易造成关键层较早地破断,来压步距较小。

(4) 覆岩裂隙发育高度大

基岩厚度越大,其自身越易形成稳定结构,承载上覆岩层载荷的性能也就随之增强,从而可延缓上覆岩层裂隙发育的进程,降低裂缝带高度;而薄基岩条件下覆岩裂隙发育高度相对较大。

（5）上覆岩层切落式破断,容易形成"两带"[241-242]

当基岩厚度较大时,上覆岩层将形成"三带":垮落带、裂缝带、弯曲下沉带。而当基岩厚度较小时,其难以形成稳定结构,直接产生切落式下沉,上覆岩层活动剧烈。覆岩裂隙易贯通至地表,从而使上覆岩层仅仅形成垮落带和裂缝带。

2.3.2　厚松散层对覆岩活动及地表沉陷的影响规律

2.3.2.1　厚松散层下覆岩压力的传递规律

松散层相对松软、密度较小、抗拉强度极小,且没有明确分层,在松散层下进行煤炭资源开采,用传统的岩柱理论、应力传递理论及太沙基理论来确定关键层上覆岩层的压力误差较大[243-245],故采用普氏地压理论计算条带开采下煤层开采工作面围岩压力。厚松散层下煤层开采关键层受自然平衡拱压力示意图如图 2-1 所示。

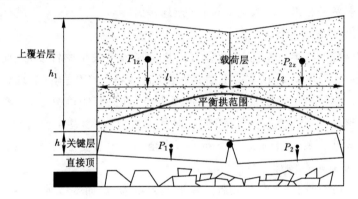

图 2-1　厚松散层下煤层开采关键层受自然平衡拱压力示意

采用普式地压理论计算工作面围岩压力的力学模型如图 2-2 所示。因目前国内长壁开采工作面长度一般大于 100 m,要远大于工作面初次来压及周期来压步距,故计算工作面围岩压力从工作面长度方向上建立力学模型。

由图 2-2 可以得出:

$$c_2 = c_1 + h\tan\left(45° - \frac{\varphi}{2}\right) \tag{2-1}$$

工作面长度的一半 c_1 应远大于采高 h,可认为式(2-1)中 $c_2 \approx c_1$。

由普式地压理论计算厚松散层下煤层开采最大围岩应力[246]:

$$p_{\max} = \frac{c_1}{f}\gamma \tag{2-2}$$

式中,f 为坚固性系数(普氏系数);γ 为覆岩重度。

由式(2-2)可知,厚松散层下煤层开采最大围岩应力与工作面长度密切相关,随着工作面长度的增大而增加。

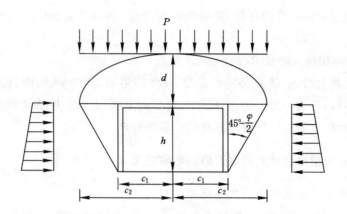

c_1—工作面长度的一半；c_2—自然平衡拱的最大跨度的一半；

d—自然平衡拱的最大高度；h—采高；φ—岩石的内摩擦角。

图 2-2   工作面长度方向围岩压力计算模型（图中尺寸仅为示意，未按比例绘制）

2.3.2.2   厚松散层对覆岩活动及地表沉陷的影响规律

（1）地表下沉系数较大[247-251]

松散层具有松散性、半流动性，含水量高的松散层容易发生塑性变形，而固结性好的松散层则容易产生裂隙；本研究的厚黄土层具有湿陷性，容易产生垂直节理。松散层的独特性质造成松散层相对松软、密度较小、抗拉强度极小，且没有明确分层，不容易产生裂隙和离层，但会发生整体下沉，则地表下沉系数相对其他岩层较大，甚至会超过1。且工作面开采后，尤其是在浅部开采时，上覆岩层破断下沉直至影响地表变形的时间较短。

（2）地表水平移动范围加大[252-255]

松散层的特性造成同一水平位置各点变形差异不大，从而导致地表水平变形收敛速度减缓，地表水平移动变形量加大，地表盆地范围延伸较大，松散层厚度越大，表现得越明显。

（3）工作面开采范围增大时关键层压力加大[256-258]

由前面松散层压力的传递规律可知，当工作面长度增大时，关键层保持稳定结构所需承载的上覆松散层范围增大，若松散层厚度足够大，则必然造成关键层上覆载荷的增加，导致关键层来压步距的变化，从而影响工作面矿山压力显现规律和液压支架的受力。

2.4   条带开采下关键层破断特征

2.4.1   关键层初次破断与岩梁结构特征

（1）初次来压步距

对关键层受上覆岩层载荷而言，因计算简便且能够得到关键层具体的受力情况与破断步距，国内学者[259-266]一般都将上覆岩层载荷简化为均布载荷，如图 2-3 所示。而条带开采下，由于条带留设煤柱的存在，下伏关键层上存在应力集中现象，留设煤柱下载荷较大，而采空区下载荷较小，若继续按图 2-3 所示力学模型计算关键层初次来压步距，则误差较大。

须重新构建图 2-4 所示力学模型来计算条带工作面下伏煤层关键层受力,同样为了简化计算,令留设煤柱和采空区下关键层载荷均为均布载荷 q_1、q_2,此时计算关键层的初次来压步距较为准确。而根据下煤层开切眼的位置不同,又可将模型分为两种情况:下煤层开切眼位于上煤层条带采空区下、下煤层开切眼位于上煤层条带留设煤柱下,如图 2-4 所示。

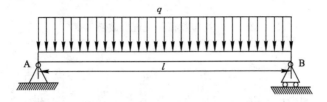

图 2-3　关键层受均布载荷力学模型

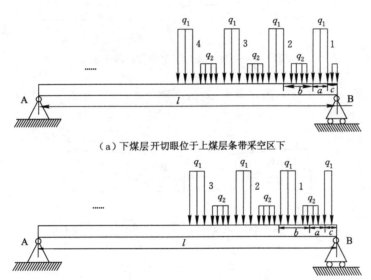

（a）下煤层开切眼位于上煤层条带采空区下

（b）下煤层开切眼位于上煤层条带留设煤柱下

图 2-4　条带工作面下关键层受力模型

（2）破断结构特征

在均布载荷条件下,根据受力特点可知关键层所受弯矩在岩梁中部达到最大,即关键层所受最大拉应力的位置在岩梁中部,破坏在此产生,令 $K = l_1/l_2$,则可得 K 为 1,破断块 1 长度等于破断块 2 长度,如图 2-5 所示。而当关键层受非均布载荷作用时,如图 2-6 所示,其破断位置很难在岩梁中部,具有不确定性,破断块 1 和破断块 2 长度之比不是定值,即 K 不为定值,此条件给继续研究工作面的支护阻力增加了难度。

（3）关键层受集中力特征

在均布载荷条件下,关键层上的载荷呈对称分布,容易求得破断块 1 和破断块 2 上的集中力 P_1 和 P_2 相等,并且集中力的作用位置均位于破断岩梁的中部,其示意图如图 2-7 所示。而当关键层受非均布载荷作用时,除特殊位置以外,关键层上的载荷呈不对称分布,则破断块 1 和破断块 2 上的集中力 P_1 和 P_2 不相等,如图 2-8 所示。比较集中力 P_1、P_2 的作用

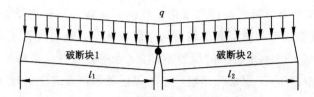

图 2-5 均布载荷下关键层破断示意

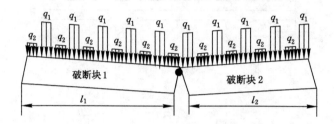

图 2-6 非均布载荷下关键层破断示意

位置，令 $k_1 = l_{01}/l_1$、$k_2 = l_{02}/l_2$，则可得 k_1、k_2 为不确定值。

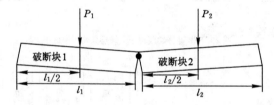

图 2-7 均布载荷下关键层受集中力及其作用位置示意

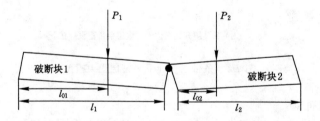

图 2-8 非均布载荷下关键层受集中力及其作用位置示意

由上述分析可以看出，条带开采下关键层初次破断时 P_1、P_2、k_1、k_2 以及 K 值均具有不确定性，这给后续计算初次来压期间工作面合理的支护阻力带来了较大的困难。

2.4.2 关键层周期性破断与岩梁结构特征

（1）周期来压步距

对于关键层在周期来压时的受力，有关学者[267-269]也同样按均布载荷来计算，也有部分学者[270]按普式地压理论来分析。如图 2-9 所示，关键层受均布载荷作用下，其弯矩最大值的产生位置位于 A 端，且可以较容易得到弯矩最大值为 $M_{max} = ql^2/2$，则周期来压时关键层在 A 端破断,且在此条件下可得出工作面开采各次周期来压步距都等于第一次周期来压步距。而在条带开采下,首先需要考虑的情况是关键层初次破断的位置是在上覆采空区下还是在留设煤柱下,由此可建立图 2-10 所示两种模型,此时关键层破断位置依然在 A 端。由此可以看出,条带工作面下关键层周期来压步距不仅和上覆载荷 q_1、q_2 有关,而且也和关键层初次破断的位置有关,且各次周期来压步距不为定值,同时周期来压时的工作面支护阻力也在不断变化。

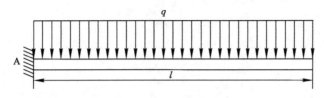

图 2-9 关键层周期性破断受均布载荷力学模型

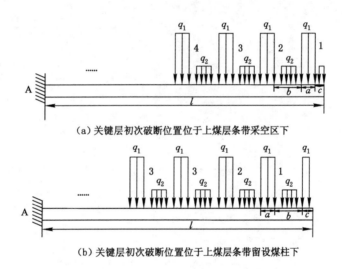

(a) 关键层初次破断位置位于上煤层条带采空区下

(b) 关键层初次破断位置位于上煤层条带留设煤柱下

图 2-10 条带工作面下关键层周期性破断受力模型

(2) 关键层受集中力特征

与初次来压情况一致,条带开采下工作面周期来压时关键层所受集中力的位置具有不确定性,此处不再赘述。

2.5 本 章 小 结

本章对研究区域的煤岩层特征进行了分析,研究了厚松散层薄基岩赋存条件对工作面开采覆岩活动以及地表沉陷规律的影响,并分析了条带开采下关键层的破断特征,主要得到以下结论:

(1) 薄基岩下工作面开采具有地表下沉系数偏大,地表容易发生"台阶式"下沉,关键层初次破断、周期性破断步距小,覆岩裂隙发育高度大,覆岩易发生切落式破断、容易形成"两带"等特征。

（2）厚松散层下煤层开采工作面围岩压力宜采用普式地压理论来计算，最大围岩应力与工作面长度密切相关。厚松散层对覆岩活动及地表沉陷的影响规律主要体现在：地表下沉系数较大，地表水平移动范围加大，工作面开采范围增大时关键层压力加大。

（3）对条带开采下关键层破断特征分析表明，条带开采下关键层破断和均布载荷下相比，P_1、P_2、k_1、k_2 以及 K 值均具有不确定性，这给后续计算来压期间工作面合理的支护阻力带来了较大的困难。

3 条带开采下覆岩运动规律相似材料物理模拟试验

3.1 相似材料物理模拟试验设计

3.1.1 试验设计

第一次试验:建立相似材料物理模拟模型,模型的原型长为 375 m、高为 225 m,2 号煤层厚度为 3.2 m,模型长度基本能满足工作面达到充分采动。2 号煤层工作面开挖,条带采宽为 50 m、留宽为 70 m,模型左侧留设 45 m 宽边界煤柱,右侧留设 40 m,下伏 10 号煤层工作面开采左右两侧各留设 20 m 宽边界煤柱,区段煤柱宽 15 m。

第二次试验:建立相似材料物理模拟模型,模型的原型长为 375 m、高为 225 m,2 号煤层厚度为 3.2 m,模型长度基本能满足工作面达到充分采动。2 号煤层工作面开挖,条带采宽为 60 m、留宽为 70 m,模型左侧留设 30 m 宽边界煤柱,右侧留设 25 m,下伏 10 号煤层工作面开采左右两侧各留设 20 m 宽边界煤柱,区段煤柱宽 15 m。

3.1.2 试验目的

本次试验的目的主要有:

(1) 研究 2 号煤层条带开采引起的覆岩破坏特征(包括"三带"高度、岩层的垮落步距)、应力分布规律,为下煤层开采方案选择奠定基础。

(2) 比较分析 2 号煤层条带开采采宽为 50 m、留宽为 70 m 和采宽为 60 m、留宽为 70 m 时的覆岩活动规律,以及下伏 10 号煤层开采时的覆岩活动规律。

(3) 研究 10 号煤层工作面开采后覆岩结构变化特征,2 号煤层采空区覆岩运移、破断规律,以及 2 号煤层和 10 号煤层间岩层位移、应力变化情况。

3.2 试验设备及模型制作

两次试验相似材料物理模型示意如图 3-1、图 3-2 所示(图中标注的是原型尺寸)。研究区域钻孔综合柱状以及相关岩性描述见表 3-1,煤岩层的基本物理力学参数见表 3-2,根据相似条件确定试验模型材料用量(见表 3-3)。从模型底部向上铺设,并在铺设的相关岩层中预埋压力盒,压力盒的实际位置如图 3-3 所示。

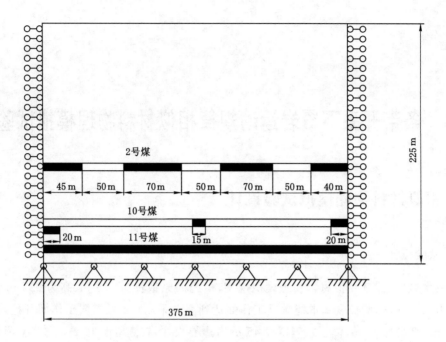

图 3-1　第一次试验相似材料物理模型示意图

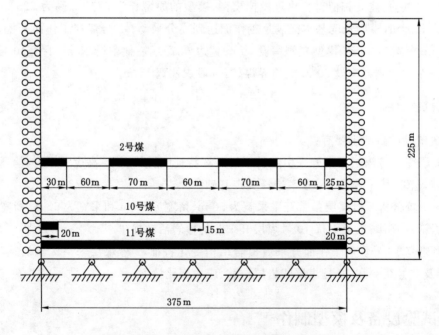

图 3-2　第二次试验相似材料物理模型示意图

因为本次试验模型未铺设至地表,将未铺设的上覆432.5 m厚岩土层转化为载荷,因此需要对模型加载。原始垂直应力为:

$$\sigma_1 = \rho g H$$

式中　σ_1——垂直应力,MPa;

ρ——岩土层的平均密度,kg/m³;

H——覆岩厚度,m。

表 3-1　研究区域钻孔综合柱状及相关岩性描述

编号	岩石名称	厚度/m	深度/m	岩　性　描　述
1	泥岩	3.2	435.2	紫红色,局部见黄色斑点,厚层状,泥质结构,含钙质薄膜,平坦状断口,具滑面,滑面呈铁锈色、褐黄色,性脆,受风化影响强度较低
2	粉砂岩	5.6	440.8	灰绿色,厚层状,上部为细粉砂状结构,下部为粗粉砂状结构,平坦状断口,下部具裂隙,充填少量钙质,粒度向下变粗
3	细粒砂岩	9.3	450.1	灰绿色,下部具紫色,厚层状,细粒砂状结构,成分以石英、长石为主,次为其他暗色矿物,分选性、磨圆度较好,上部具垂直裂隙,无充填物,局部裂隙发育,粒度向下变粗,钙质胶结,岩心上部破碎
4	黄土层	69.1	519.2	褐黄色,上部稍湿,下部湿,稍密-中密,局部见风氧化砾石,下部粉砂增多
5	页岩	11.8	531.0	灰绿色,见紫斑,中部紫红色、浅紫色,厚层状,页岩结构,平坦状、参差状断口,见滑面,裂隙无充填物,粉砂质分布不均,局部粉砂质含量高,局部岩石致密
6	细粒砂岩	3.2	534.2	灰绿色,下部具紫色,厚层状,细粒砂状结构,成分以石英、长石为主,次为其他暗色矿物,分选性、磨圆度较好,上部具垂直裂隙,无充填物,局部裂隙发育,粒度向下变粗,钙质胶结,岩心上部破碎
7	泥岩	5.0	539.2	紫红色,局部见黄色斑点,厚层状,泥质结构,含钙质薄膜,平坦状断口,具滑面,滑面呈铁锈色、褐黄色,性脆,受风化影响强度较低
8	粉砂岩	8.4	547.6	灰绿色,厚层状,上部为细粉砂状结构,下部为粗粉砂状结构,平坦状断口,下部具裂隙,充填少量钙质,粒度向下变粗
9	细粒砂岩	4.8	552.4	灰绿色,下部具紫色,厚层状,细粒砂状结构,成分以石英、长石为主,次为其他暗色矿物,分选性、磨圆度较好,上部具垂直裂隙,无充填物,局部裂隙发育,粒度向下变粗,钙质胶结,岩心上部破碎
10	中粒砂岩	6.9	559.3	浅灰色,中砂-细砾砂状结构,成分以石英、长石为主,次为暗色矿物,次棱角状,分选性差,钙质胶结,硬度一般,见裂隙,由上而下砂粒粒径增大,上部见平行层理,下部含大量细砾岩,粒径 6 mm 左右,层面呈深灰色,部分炭化
11	2 号煤	3.2	562.5	黑色,块状,玻璃光泽,黑色条痕,以亮煤为主,次为暗煤、镜煤,属半亮煤,阶梯状断口,条带状,密度小,煤质好
12	泥岩	4.0	566.5	灰绿色,具紫斑,局部紫红色,厚层状,泥质结构,平坦状断口,具少量滑面、裂隙,顶部呈角砾状,上部岩心破碎
13	2下 号煤	1.4	567.9	黑色,块状,玻璃光泽,黑色条痕,以亮煤为主,次为暗煤、镜煤,属半亮煤,阶梯状断口,条带状,密度小,煤质好
14	细粒砂岩	2.7	570.6	灰绿色,下部具紫色,厚层状,细粒砂状结构,成分以石英、长石为主,次为其他暗色矿物,分选性、磨圆度较好,上部具垂直裂隙,无充填物,局部裂隙发育,粒度向下变粗,钙质胶结,岩心上部破碎

表 3-1（续）

编号	岩石名称	厚度/m	深度/m	岩 性 描 述
15	泥岩	8.0	578.6	灰绿色,具紫斑,局部紫红色,厚层状,泥质结构,平坦状断口,具少量滑面、裂隙,顶部呈角砾状,上部岩心破碎
16	4 号煤	1.1	579.7	黑色,块状,玻璃光泽,黑色条痕,以亮煤为主,次为暗煤、镜煤,属半亮煤,阶梯状断口,条带状,密度小,煤质好
17	泥岩	6.7	586.4	灰绿色,具紫斑,局部紫红色,厚层状,泥质结构,平坦状断口,具少量滑面、裂隙,顶部呈角砾状,上部岩心破碎
18	5 号煤	1.5	587.9	黑色,块状,玻璃光泽,黑色条痕,以亮煤为主,次为暗煤、镜煤,属半亮煤,阶梯状断口,条带状,密度小,煤质好
19	泥岩	1.9	589.8	灰绿色,具紫斑,局部紫红色,厚层状,泥质结构,平坦状断口,具少量滑面、裂隙,顶部呈角砾状,上部岩心破碎
20	6 号煤	1.3	591.1	黑色,块状,玻璃光泽,黑色条痕,以亮煤为主,次为暗煤、镜煤,属半亮煤,阶梯状断口,条带状,密度小,煤质好
21	泥岩	12.0	603.1	灰绿色,具紫斑,局部紫红色,厚层状,泥质结构,平坦状断口,具少量滑面、裂隙,顶部呈角砾状,上部岩心破碎
22	石灰岩	4.2	607.3	灰色,隐晶质结构,垂直裂隙发育,充填方解石脉,岩心破碎
23	7 号煤	1.0	608.3	黑色,块状,玻璃光泽,黑色条痕,以亮煤为主,次为暗煤、镜煤,属半亮煤,阶梯状断口,条带状,密度小,煤质好
24	细粒砂岩	2.5	610.8	灰绿色,下部具紫色,厚层状,细粒砂状结构,成分以石英、长石为主,次为其他暗色矿物,分选性、磨圆度较好,上部具垂直裂隙,无充填物,局部裂隙发育,粒度向下变粗,钙质胶结,岩心上部破碎
25	粉砂岩	4.1	614.9	灰绿色,厚层状,上部为细粉砂状结构,下部为粗粉砂状结构,平坦状断口,下部具裂隙,充填少量钙质,粒度向下变粗
26	石灰岩	6.0	620.9	灰色,隐晶质结构,垂直裂隙发育,充填方解石脉,岩心破碎
27	泥岩	7.3	628.2	灰绿色,具紫斑,局部紫红色,厚层状,泥质结构,平坦状断口,具少量滑面、裂隙,顶部呈角砾状,上部岩心破碎
28	石灰岩	8.8	637.0	灰色,隐晶质结构,垂直裂隙发育,充填方解石脉,岩心破碎
29	10 号煤	3.0	640.0	黑色,块状,玻璃光泽,黑色条痕,以亮煤为主,次为暗煤、镜煤,属半亮煤,阶梯状断口,条带状,密度小,煤质好
30	粉砂岩	3.0	643.0	灰绿色,厚层状,上部为细粉砂状结构,下部为粗粉砂状结构,平坦状断口,下部具裂隙,充填少量钙质,粒度向下变粗
31	细粒砂岩	3.0	646.0	灰绿色,下部具紫色,厚层状,细粒砂状结构,成分以石英、长石为主,次为其他暗色矿物,分选性、磨圆度较好,上部具垂直裂隙,无充填物,局部裂隙发育,粒度向下变粗,钙质胶结,岩心上部破碎

表 3-1（续）

编号	岩石名称	厚度/m	深度/m	岩 性 描 述
32	中粒砂岩	2.5	648.5	浅灰色,中砂-细砾砂状结构,成分以石英、长石为主,次为暗色矿物,次棱角状,分选性差,钙质胶结,硬度一般,见裂隙,由上而下砂粒粒径增大,上部见平行层理,下部含大量细砾岩,粒径 6 mm 左右,层面呈深灰色,部分炭化
33	11 号煤	1.5	650.0	黑色,块状,玻璃光泽,黑色条痕,以亮煤为主,次为暗煤、镜煤,属半亮煤,阶梯状断口,条带状,密度小,煤质好
34	菱铁质泥岩	8.5	658.5	灰色-紫红色,层状构造,泥质结构,平坦状、参差状断口,见裂隙,性脆,易碎,局部显挤压现象
35	粉砂岩	5.5	664.0	灰绿色,厚层状,上部为细粉砂状结构,下部为粗粉砂状结构,平坦状断口,下部具裂隙,充填少量钙质,粒度向下变粗
36	石灰岩	4.0	668.0	灰色,隐晶质结构,垂直裂隙发育,充填方解石脉,岩心破碎

表 3-2 相似材料模拟的煤岩层物理力学参数

编号	岩石名称	厚度/m	深度/m	弹性模量/GPa	密度/(t/m³)	抗压强度/MPa	内聚力/MPa	内摩擦角/(°)
1	泥岩	3.2	435.2	10.2	1.7	27.6	1.22	39.0
2	粉砂岩	5.6	440.8	16.0	2.1	39.0	10.5	35.0
3	细粒砂岩	9.3	450.1	35.0	2.6	56.6	23.1	37.5
4	黄土层	69.1	519.2	0.015	1.3	0.021	0.015	16.1
5	页岩	11.8	531.0	10.2	1.7	27.6	1.22	39.0
6	细粒砂岩	3.2	534.2	35.0	2.6	56.6	23.1	37.5
7	泥岩	5.0	539.2	10.2	1.7	27.6	1.22	39.0
8	粉砂岩	8.4	547.6	16.0	2.1	39.0	10.5	35.0
9	细粒砂岩	4.8	552.4	35.0	2.6	56.6	23.1	37.5
10	中粒砂岩	6.9	559.3	19.2	2.4	50.0	4.5	40.0
11	2 号煤	3.2	562.5	3.08	1.4	8.64	0.49	41.8
12	泥岩	4.0	566.5	11.2	1.7	28.0	1.4	39.0
13	2下 号煤	1.4	567.9	3.08	1.4	8.64	0.49	41.8
14	细粒砂岩	2.7	570.6	35.0	2.6	56.6	23.1	37.5
15	泥岩	8.0	578.6	11.2	1.7	28.0	1.4	39.0
16	4 号煤	1.1	579.7	3.08	1.4	8.64	0.49	41.8
17	泥岩	6.7	586.4	11.2	1.7	28.0	1.4	39.0
18	5 号煤	1.5	587.9	3.08	1.4	8.64	0.49	41.8
19	泥岩	1.9	589.8	11.2	1.7	28.0	1.4	39.0
20	6 号煤	1.3	591.1	3.08	1.4	8.64	0.49	41.8

表 3-2（续）

编号	力学特性 岩性	深度 /m	厚度 /m	弹性模量 /GPa	密度 /(t/m³)	抗压强度 /MPa	内聚力 /MPa	内摩擦角 /(°)
21	泥岩	12.0	603.1	11.2	1.7	28.0	1.4	39.0
22	石灰岩	4.2	607.3	24.0	2.2	35.0	9.56	32.0
23	7号煤	1.0	608.3	3.08	1.4	8.64	0.49	41.8
24	细粒砂岩	2.5	610.8	35.0	2.6	56.6	23.1	37.5
25	粉砂岩	4.1	614.9	16.0	2.1	39.0	10.5	35.0
26	石灰岩	6.0	620.9	24.0	2.2	35.0	9.56	32.0
27	泥岩	7.3	628.2	11.2	1.7	28.0	1.4	39.0
28	石灰岩	8.8	637.0	24.0	2.2	35.0	9.56	32.0
29	10号煤	3.0	640.0	3.08	1.4	8.64	0.49	41.8
30	粉砂岩	3.0	643.0	16.0	2.1	39.0	10.5	35.0
31	细粒砂岩	3.0	646.0	35.0	2.6	56.6	23.1	37.5
32	中粒砂岩	2.5	648.5	19.2	2.4	50.0	4.5	40.0
33	11号煤	1.5	650.0	3.08	1.4	8.64	0.49	41.8
34	菱铁质泥岩	8.5	658.5	11.5	1.8	27.6	1.4	39.0
35	粉砂岩	5.5	664.0	16.0	2.1	39.0	10.5	35.0
36	石灰岩	4.0	668.0	24.0	2.2	35.0	9.56	32.0

表 3-3　试验模型材料用量（几何相似比 1∶150）

编号	岩石名称	沙子质量/kg	碳酸钙 质量/kg	石膏质 量/kg	水质量/kg	厚度/cm	总质量/kg
1	泥岩	13.440	0.672	1.575	2.247	2.1	17.934
2	粉砂岩	25.160	2.109	2.109	4.181	3.7	33.559
3	细粒砂岩	41.974	3.472	3.472	7.006	6.2	55.924
4	黄土层	295.04	14.752	34.575	49.327	46.1	393.694
5	页岩	50.560	2.528	5.925	8.453	7.9	67.466
6	细粒砂岩	14.217	1.176	1.176	2.373	2.1	18.942
7	泥岩	21.120	1.060	2.480	3.530	3.3	28.190
8	粉砂岩	38.080	3.192	3.192	6.328	5.6	50.792
9	细粒砂岩	21.664	1.792	1.792	3.616	3.2	28.864
10	中粒砂岩	33.948	2.622	1.150	5.382	4.6	43.102
11	2号煤	13.440	0.672	1.575	2.247	2.1	17.934
12	泥岩	17.280	0.864	2.025	2.889	2.7	23.058
13	2下号煤	6.400	0.320	0.750	1.070	1.0	8.540
14	细粒砂岩	12.186	1.008	1.008	2.034	1.8	16.236
15	泥岩	33.920	1.696	3.975	5.671	5.3	45.262

表 3-3（续）

编号	岩石名称	沙子质量/kg	碳酸钙质量/kg	石膏质量/kg	水质量/kg	厚度/cm	总质量/kg
16	4 号煤	4.480	0.224	0.525	0.749	0.7	5.978
17	泥岩	28.800	1.440	3.375	4.815	4.5	38.430
18	5 号煤	6.400	0.320	0.750	1.070	1.0	8.540
19	泥岩	8.320	0.416	0.975	1.391	1.3	11.102
20	6 号煤	5.760	0.288	0.675	0.963	0.9	7.686
21	泥岩	51.200	2.560	6.000	8.560	8.0	68.320
22	石灰岩	17.780	0.868	2.072	2.968	2.8	23.688
23	7 号煤	4.480	0.224	0.525	0.749	0.7	5.978
24	细粒砂岩	11.509	0.952	0.952	1.921	1.7	15.334
25	粉砂岩	18.360	1.539	1.539	3.051	2.7	24.489
26	石灰岩	25.400	1.240	2.960	4.240	4.0	33.840
27	泥岩	31.360	1.568	3.675	5.243	4.9	41.846
28	石灰岩	37.465	1.829	4.366	6.254	5.9	49.914
29	10 号煤	12.800	0.640	1.500	2.140	2.0	17.080
30	粉砂岩	13.600	1.140	1.140	2.260	2.0	18.140
31	细粒砂岩	13.540	1.120	1.120	2.260	2.0	18.040
32	中粒砂岩	12.546	0.969	0.425	1.989	1.7	15.929
33	11 号煤	6.400	0.320	0.750	1.070	1.0	8.540
34	菱铁质泥岩	36.480	1.824	4.275	6.099	5.7	48.678
35	粉砂岩	25.160	2.109	2.109	4.181	3.7	33.559
36	石灰岩	17.145	0.837	1.998	2.862	2.7	22.842
	合计	1 027.414	60.362	108.485	171.189	157.6	1 367.450

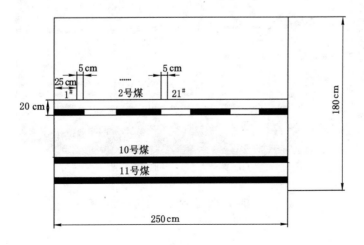

图 3-3 相似模拟试验压力盒布置示意

根据相似条件可以计算出,试验模型需加载的垂直应力为 432.5 m×1.5 t/m³×10 N/kg÷150÷1 000＝0.043 MPa。本次试验采用液压水袋对模型进行加载,首先将水袋安装在模型上方,使水袋与模型岩体最上层表面接触,左右两侧采用钢板固定,顶部用钢板封住。水袋内的水压由水泵加压产生,具体数值通过压力表设定,如图 3-4 所示。

（a）水泵　　　　　　　　　（b）压力表

图 3-4　模型加载设备

3.3　模型位移测点布置

在模型表面设置尺寸为 10 cm×10 cm 的正方形方格网,原始模型如图 3-5 所示。模型正面的位移监测线位于 2 号煤层上方 13.3 cm 处的基本顶中,模型位移监测线的布置如图 3-5(a)和图 3-5(b)所示,垂直位移计、水平位移以及压力盒的埋设如图 3-5(c)所示。

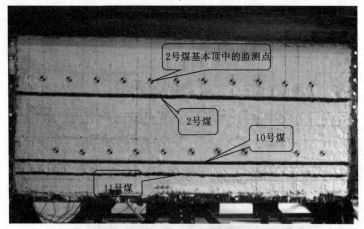

（a）第一次试验位移监测线布置

图 3-5　模型位移监测线与监测仪器布置

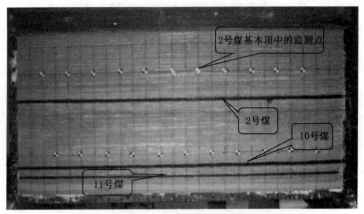

（b）第二次试验位移监测线布置

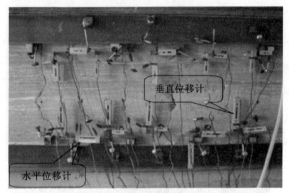

（c）模型监测仪器布置

图 3-5（续）

3.4 试验数据采集与分析系统

试验数据采集与分析系统主要有两部分：一部分主要由压力盒、位移计、YE2539A 型高速静态应变仪（见图 3-6）等组成，主要通过 YE2539A 型高速静态应变仪测量水平位移计、垂直位移计、压力盒中数据变化情况来分析覆岩运动、破坏以及应力变化规律，数据分析系统如图 3-7 所示；另一部分为数码照相机，通过它拍摄记录开采过程中的岩层运移、破断形态，从而分析覆岩活动规律。

每间隔 10 min 采集一次位移和应力数据，当进行一次工作面开挖后，将采集的数据和前一次采集的数据相比较，以确保上覆岩层稳定后再进行下一次开挖，并以稳定后的数据存档作为分析数据。每进行一次开挖，都需要进行数据采集，直至工作面开挖完毕。压力盒安装在覆岩内部，随着覆岩的运动破坏，压力盒的位置和倾角会发生一定的变化，这会给试验造成一定的误差，但不影响定性分析结果；位移计安装在模型的表面，且没有安装在工作面位置，试验数据较为可靠。

图 3-6　YE2539A 型高速静态应变仪

图 3-7　数据分析系统

3.5　试验要求

试验具体要求如下：

（1）物理模拟相似材料配制须依据待研究区域的实际岩层物理力学参数。

（2）根据研究区域的实际煤岩层状况及试验模型待开采的范围，确定物理模拟模型的几何相似比为 1∶150。

（3）试验模型的尺寸为 2.5 m（长）×0.2 m（宽）×1.5 m（高）。根据几何相似比可知，试验模型模拟现场实际范围为高 225 m，长 375 m，为二维平面模型。

（4）工作面每次开挖步距为 5 cm。

（5）在模型开挖过程中，每次开挖后等待一段时间至覆岩稳定后，再进行下一次开挖。

3.6　试验结果及分析

3.6.1　上煤层条带开采覆岩活动规律

（1）采 50 m 留 70 m 时 2 号煤层顶板垮落特征

图 3-8 至图 3-10 为 2 号煤层工作面采 50 m（本节所述有关数据均换算为原型数据）留 70 m 从开挖到直接顶初次垮落时顶板的运移过程。随着工作面向前推进，应力逐步向采空区两侧煤壁转移。由于工作面直接顶较为坚硬，三个条带工作面直至开挖 30 m 左右后，顶板裂隙才快速发育并造成直接顶第一分层初次垮落，三个条带工作面的开挖未造成基本顶发生大规模垮塌。

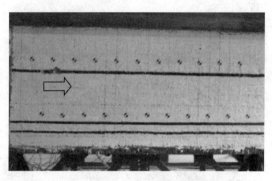

（a）第一个条带工作面开挖

（b）第一个条带工作面开挖 30 m

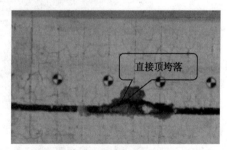

（c）第一个条带工作面开挖 50 m

图 3-8　2 号煤层第一个条带工作面开挖时顶板垮落特征

（2）采 60 m 留 70 m 时 2 号煤层顶板垮落特征

图 3-11 至图 3-13 为 2 号煤层工作面采 60 m 留 70 m 从开挖到直接顶垮落以及基本顶发生破断时顶板的运移过程。随着工作面向前推进，应力逐步向采空区两侧煤壁转移。第一个条带工作面开挖 36 m 后，顶板裂隙快速发育并造成直接顶第一分层初次垮落，工作面开挖 45 m 时直接顶完全垮落，工作面开挖完毕后基本顶破断并形成铰接结构；第二个条带工作面开挖 34 m 后，顶板裂隙快速发育并造成直接顶第一分层初次垮落，工作面开挖 45 m 时直接顶完全垮落，随后基本顶产生裂隙，并破断形成铰接结构。第三个条带工作面开

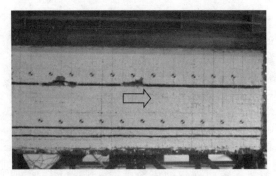

（a）第二个条带工作面开挖

（b）第二个条带工作面开挖 35 m

（c）第二个条带工作面开挖 50 m

图 3-9　2 号煤层第二个条带工作面开挖时顶板垮落特征

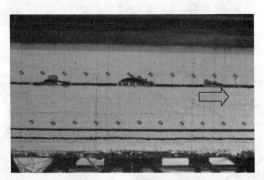

（a）第三个条带工作面开挖

（b）第三个条带工作面开挖 30 m

（c）第三个条带工作面开挖 50 m

图 3-10　2 号煤层第三个条带工作面开挖时顶板垮落特征

40 m后,顶板裂隙快速发育并造成直接顶第一分层初次垮落,直接顶垮落后基本顶裂隙发育迅速,工作面开挖 49 m 时基本顶破断,工作面开挖完毕后基本顶上覆岩层垮落。和采50 m留 70 m 比较,采 60 m 留 70 m 工作面采宽增加,基本顶破断垮落明显,但能够形成铰接结构从而维持上覆岩层稳定。

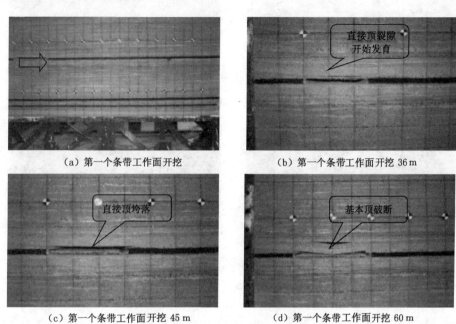

（a）第一个条带工作面开挖　　　　　　（b）第一个条带工作面开挖 36 m

（c）第一个条带工作面开挖 45 m　　　　（d）第一个条带工作面开挖 60 m

图 3-11　2 号煤层第一个条带工作面开挖时顶板垮落特征

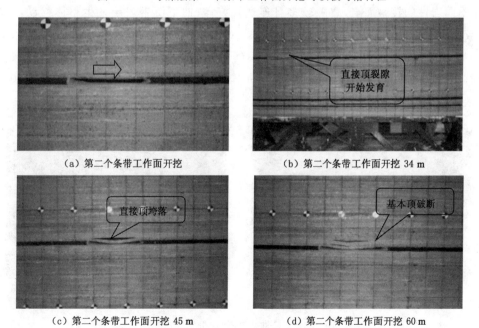

（a）第二个条带工作面开挖　　　　　　（b）第二个条带工作面开挖 34 m

（c）第二个条带工作面开挖 45 m　　　　（d）第二个条带工作面开挖 60 m

图 3-12　2 号煤层第二个条带工作面开挖时顶板垮落特征

（a）第三个条带工作面开挖

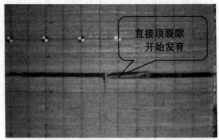
（b）第三个条带工作面开挖 40 m

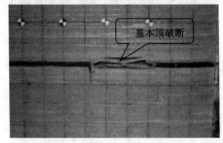
（c）第三个条带工作面开挖 49 m

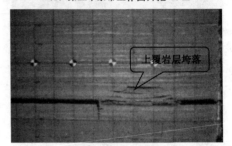
（d）第三个条带工作面开挖 60 m

图 3-13　2 号煤层第三个条带工作面开挖时顶板垮落特征

（3）覆岩垮落特征比较分析

图 3-14 为采 50 m 留 70 m 和采 60 m 留 70 m 条带开采的"三带"发育情况。煤层条带开采稳定后，在采空区上方形成垮落带、裂缝带与弯曲下沉带。裂缝带沿层面产生许多裂隙，在不同岩性的接触面上，裂隙较多且连通性好；弯曲下沉带岩层发生整体移动，岩层内产生较小、数量较少的裂隙，连通性不好。采 50 m 留 70 m"三带"高度约为 17 m，采 60 m 留 70 m"三带"高度约为 27.2 m。在远达不到充分采动时，弯曲下沉带的发育对控制地表变形有相当大的作用。采 60 m 留 70 m 弯曲下沉带高度比采 50 m 留 70 m 增加了 60%，因而也使地表变形大幅度增加。

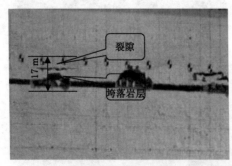
（a）采50 m留70 m

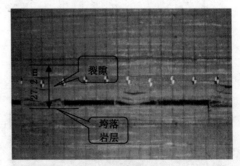
（b）采60 m留70 m

图 3-14　不同采留比"三带"发育情况

（4）覆岩应力与位移分析

工作面开挖过程中覆岩应力变化规律如图 3-15 所示。

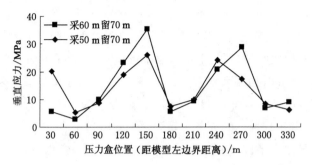

图 3-15　监测线处垂直应力变化曲线

开挖过程中，煤层上方不同位置监测线处的位移曲线如图 3-16 所示。

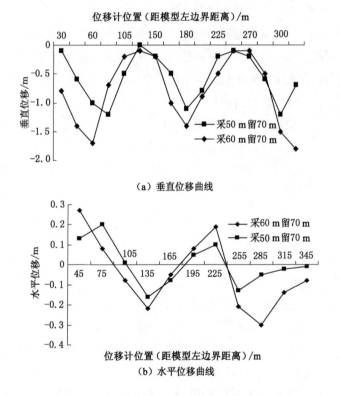

（a）垂直位移曲线

（b）水平位移曲线

图 3-16　监测线处位移曲线

在应力监测过程中，模型监测线处支承压力峰值随开采空间的加大而逐渐变大。在 2 号煤层条带开采工作面直接顶初次垮落（约开挖 43 m）时，采 50 m 留 70 m 顶板监测线处垂直应力的最大值为 28.4 MPa，采 60 m 留 70 m 顶板监测线处垂直应力的最大值为 37.9 MPa。垂直应力主要集中在煤柱上方，煤柱上方平均应力要大于原岩应力，靠近煤壁处应力值达到最大，煤柱中间应力值相对较小。在采空区上方形成应力降低区，平均应力远小于原岩应力。

由于 2 号煤层属于近水平煤层,监测点的位移曲线关于采空区中央具有对称性。覆岩呈现波浪形下沉,在采空区上方,覆岩垂直位移较大,越靠近采空区中间位置,垂直位移越大;在煤柱上方,覆岩垂直位移较小,靠近煤柱中间的覆岩垂直位移基本为 0。基本顶在工作面推进 50～60 m 时初次断裂,造成上覆岩层下沉运动,致使采 60 m 留 70 m 时的覆岩垂直位移比采 50 m 留 70 m 时的要大得多。采 50 m 留 70 m 时 3 个采空区上方覆岩垂直下沉量分别 1.3 m、1.2 m、1.4 m,而采 60 m 留 70 m 时分别为 1.7 m、1.6 m、1.9 m,分别增加了 31%、33%、36%。待工作面达到充分采动后,采 50 m 留 70 m 和采 60 m 留 70 m 工作面上方 20 m 监测线处最大水平位移分别为 0.28 m 和 0.33 m,变化不大。

3.6.2　下煤层开采覆岩活动规律[271]

3.6.2.1　采 50 m 留 70 m 方案

（1）煤柱左侧工作面顶板垮落特征

图 3-17 为煤柱左侧 10 号煤层工作面开挖时顶板垮落特征。随着工作面向前推进,应力逐步向采空区两侧煤壁转移。工作面开挖 60 m 后,顶板裂隙较为发育。工作面开挖 135 m 时,覆岩裂隙快速发育,发育至 2 号煤层采空区下方,但尚未形成贯通裂隙。

（2）煤柱右侧工作面顶板垮落特征

煤柱右侧工作面开挖时顶板垮落特征如图 3-18 所示。工作面开挖 55 m 后,顶板裂隙快速向上发育。开挖 105 m 后,裂隙继续发育,但尚未贯通 2 号煤层采空区。开挖 150 m 后,覆岩未立即出现贯通裂隙,等待 20 min 后,10 号煤层覆岩裂隙和 2 号煤层采空区贯通。由此说明,留设煤柱左侧单一工作面开采上覆岩层移动变形量较小,尚未达到充分采动;而煤柱右侧工作面开采时,在叠加条件下,工作面上覆岩层运动较为明显。

3.6.2.2　采 60 m 留 70 m 方案

（1）煤柱左侧工作面顶板垮落特征

图 3-19 为煤柱左侧 10 号煤层工作面开挖时顶板垮落特征。随着工作面向前推进,应力逐步向采空区两侧煤壁转移。工作面开挖 40 m 后,顶板裂隙快速发育,直至直接顶初次垮落[见图 3-19(c)],随后,基本顶第一次破断垮落。工作面继续向前推进时,直接顶随采随垮,工作面开挖 76 m 时,基本顶第一次周期来压,之后,基本顶大致以 15 m 左右的步距周期性垮落。至此,可以判定工作面初次来压步距约为 60 m,周期来压步距约为 15 m。工作面开挖工程中,10 号煤层上覆岩层裂隙与 2 号煤层采空区贯通,并造成 2 号煤层上覆岩层裂隙继续发育。

（2）煤柱右侧工作面顶板垮落特征

煤柱右侧 10 号煤层工作面开挖时顶板垮落特征如图 3-20 所示。工作面开挖 45 m 后,顶板裂隙快速向上发育,直接顶初次垮落[见图 3-20(b)]。工作面开挖 65 m 后,基本顶第一次破断垮落。工作面开挖 80 m 时,基本顶周期性垮落,周期来压步距约为 15 m,同时 2 号煤层与 10 上覆岩层裂隙贯通。

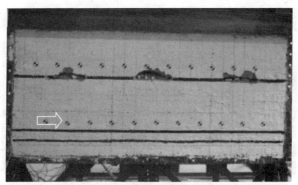

（a）工作面开挖

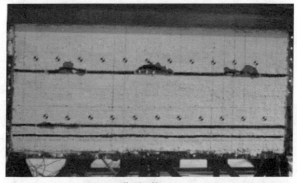

（b）工作面开挖 60 m

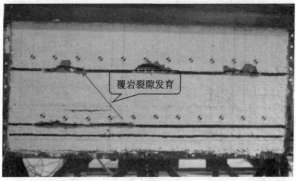

（c）工作面开挖 135 m

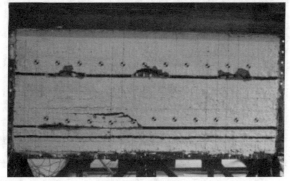

（d）工作面开挖 150 m

图 3-17　煤柱左侧 10 号煤层工作面开挖时顶板垮落特征（采 50 m 留 70 m）

（a）工作面开挖 55 m

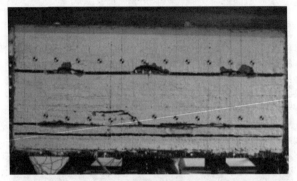

（b）工作面开挖 105 m

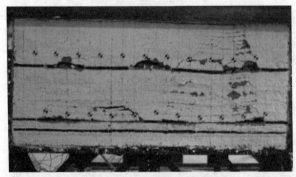

（c）工作面开挖 150 m

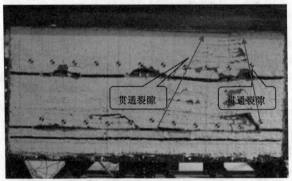

（d）工作面开挖 150 m（放置 20 min）

图 3-18　煤柱右侧 10 号煤层工作面开挖时顶板垮落特征（采 50 m 留 70 m）

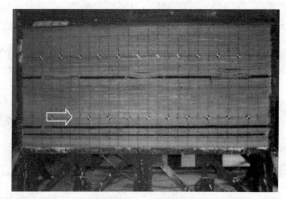

(a) 工作面开挖15 m

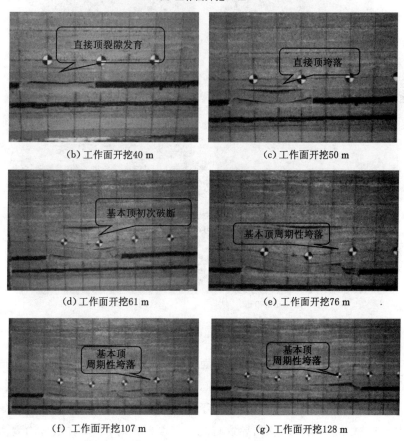

(b) 工作面开挖40 m　　　　　　　　(c) 工作面开挖50 m

(d) 工作面开挖61 m　　　　　　　　(e) 工作面开挖76 m

(f) 工作面开挖107 m　　　　　　　　(g) 工作面开挖128 m

图 3-19　煤柱左侧 10 号煤层工作面开挖时顶板垮落特征(采 60 m 留 70 m)

3.6.2.3　两种方案裂隙发育规律

　　两种方案都是工作面处于上覆 2 号煤层留设煤柱正下方时,随着开挖的进行裂隙迅速发育,且均形成贯通裂隙痕迹,如图 3-21 所示。这说明上覆煤柱下方存在应力集中区,上覆岩层所受应力较大,开挖时容易断裂形成裂隙,且贯通裂隙形成后,2 号煤层上覆岩层裂隙迅速发育。

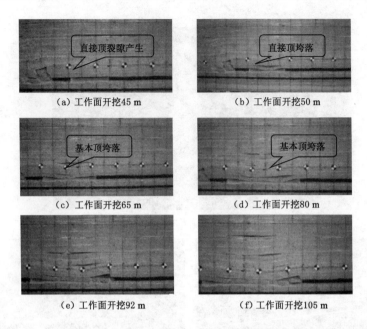

（a）工作面开挖45 m　　（b）工作面开挖50 m

（c）工作面开挖65 m　　（d）工作面开挖80 m

（e）工作面开挖92 m　　（f）工作面开挖105 m

图 3-20　煤柱右侧 10 号煤层工作面开挖时顶板垮落特征（采 60 m 留 70 m）

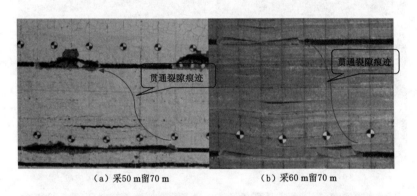

（a）采50 m留70 m　　（b）采60 m留70 m

图 3-21　两种方案覆岩裂隙发育对比情况

　　两种方案在开挖过程中，煤柱左侧工作面顶板仅出现贯通裂隙痕迹，并未形成贯通裂隙，而煤柱右侧工作面顶板都形成了贯通裂隙，裂隙均贯通上覆 2 号煤层采空区，如图 3-22 所示。这是由于先开挖的煤柱左侧工作面位于 2 号煤层采空区的下方，其应力集中程度相对较低，应力向右侧工作面转移，从而导致右侧工作面开挖时，上覆岩层应力要大于原岩应力，则右侧工作面覆岩裂隙发育程度要高于左侧的。同时，2 号煤层和 10 号煤层的距离为 80 m 左右，层间距对贯通裂隙的形成有较大影响，贯通裂隙的形成造成上覆岩层裂隙迅速发育，同时也对覆岩"三带"与地表沉陷影响较大。另外，由图 3-22 可知贯通裂隙形成的位置为下煤层工作面两侧和上覆 2 号煤层采空区边缘的连线方向，说明 2 号煤层、10 号煤层工作面内错、外错距离对贯通裂隙的形成有一定的影响。

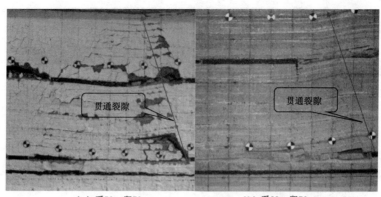

（a）采50 m留70 m　　　　　　　　（b）采60 m留70 m

图 3-22　两种方案覆岩贯通裂隙发育对比情况

3.6.2.4　覆岩"三带"演化特征(采 60 m 留 70 m)

采 60 m 留 70 m 方案 10 号煤层开采覆岩"三带"演化情况如图 3-23 和图 3-24 所示。煤柱左侧工作面开挖 125 m 后，垮落带与裂缝带高度和为 92.8 m，其上为弯曲下沉带，如图 3-23(d)所示。右侧工作面开挖 120 m 后，垮落带与裂缝带高度和为 85.6 m，其上为弯曲

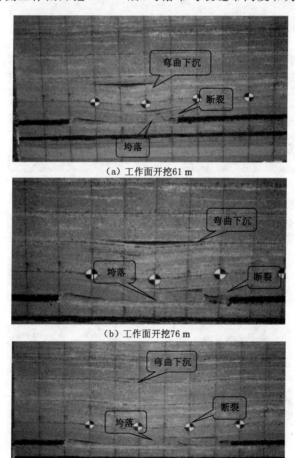

（a）工作面开挖61 m

（b）工作面开挖76 m

（c）工作面开挖94 m

图 3-23　煤柱左侧 10 号煤层工作面开挖时覆岩"三带"演化情况

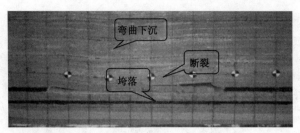

（d）工作面开挖125 m

图 3-23（续）

下沉带，如图 3-24（d）所示。采 50 m 留 70 m 方案比采 60 m 留 70 m 方案覆岩"三带"发育高度略低，此处不再赘述。

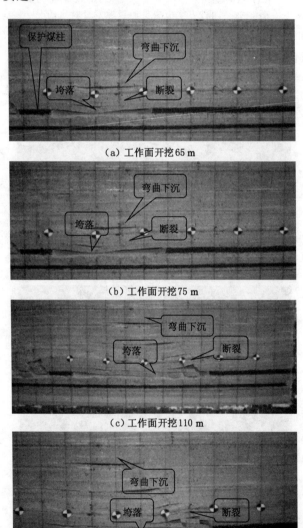

图 3-24　煤柱右侧 10 号煤层工作面开挖时覆岩"三带"演化情况

3.6.2.5　覆岩应力与位移变化特征（采 60 m 留 70 m）

10 号煤层工作面开挖过程中覆岩应力变化规律如图 3-25 所示。

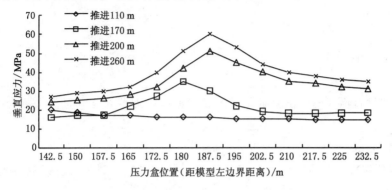

图 3-25　10 号煤层开挖时监测线应力变化曲线

模型中监测线处垂直应力峰值随开采空间的加大而逐渐变大。监测线处垂直应力的最大值为 60.5 MPa，由于工作面之间有 15 m 宽保护煤柱，在下伏 11 号煤层中会形成应力集中现象，因此在布置 11 号煤层巷道时，应避开应力集中区。

在开挖过程中，10 号煤层上方不同位置监测线处的位移曲线如图 3-26 所示。

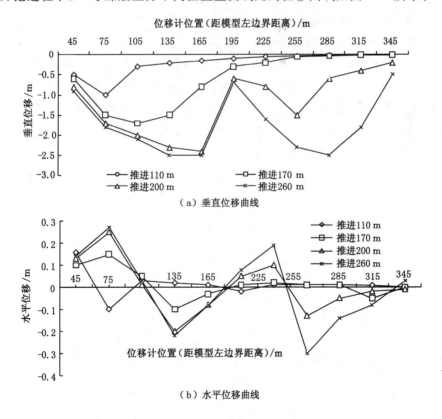

（a）垂直位移曲线

（b）水平位移曲线

图 3-26　10 号煤层上方 12 m 监测线处位移曲线

由于 10 号煤层属于近水平煤层,监测点的位移曲线关于采空区中央具有对称性。待工作面达到充分采动后,10 号煤层上方 12 m 监测线处最大垂直位移和最大水平位移分别为 2.5 m 和 0.28 m。

3.7　本章小结

采用相似材料物理模拟试验研究了条带开采下 10 号煤层工作面开采覆岩活动规律,得出以下几点结论:

(1)上煤层 2 号煤层条带开采时:

① 基本顶初次垮落步距为 50～60 m,采 60 m 留 70 m 时的"三带"高度比采 50 m 留 70 m 时的明显增加(增加了 60%)。

② 煤层顶板附近覆岩(未垮落)呈现波浪形下沉。越靠近采空区中间位置,覆岩垂直位移越大;越接近煤柱中间位置,覆岩垂直位移越小。

③ 覆岩运动与其受力情况有着密切的关系。在采空区上方形成应力降低区,平均应力远小于原岩应力,覆岩垂直位移较大,越靠近采空区中间位置,垂直位移越大;在煤柱上方形成应力集中区,平均应力大于原岩应力,应力峰值处于煤壁附近,覆岩垂直位移较小,靠近煤柱中间的覆岩垂直位移基本为 0。

(2)下煤层 10 号煤层工作面开采时:

① 10 号煤层工作面间留有 15 m 宽保护煤柱,两种方案煤柱下方两侧 11 号煤层中形成应力集中区,11 号煤层开采时巷道布置应避开应力集中区。

② 两种方案在开挖过程中,煤柱左侧工作面顶板仅出现贯通裂隙痕迹,并未形成贯通裂隙,而煤柱右侧工作面顶板均形成了贯通裂隙,裂隙都贯通上覆 2 号煤层采空区,煤柱右侧工作面覆岩裂隙发育程度要高于左侧。

③ 采 60 m 留 70 m 方案的覆岩"三带"发育高度和应力集中程度要高于采 50 m 留 70 m 方案。

4　覆岩活动及地表变形规律数值模拟研究

相似材料物理模拟试验可以直观反映煤层开采后的覆岩活动规律以及地表变形等情况,但由于其耗时较久、费用较高,大多难以进行重复性试验与分析。基于此,本章通过数值模拟软件 FLAC 分析条带采空区下煤层开采覆岩运动及地表沉陷规律,设置不同模拟方案分析下煤层合理区段煤柱尺寸,以及不同厚度的黄土层与基岩层对地表变形的影响规律。

4.1　FLAC 软件简介

随着计算机技术的快速发展,近年来数值模拟方法在矿业工程领域的应用越来越广泛,极大地推动了矿业工程领域的发展。主要应用于采矿、岩土工程领域的数值模拟软件有 FLAC、UDEC、PFC 及 ANSYS 等。

FLAC 数值模拟软件由美国 Itasca 咨询公司开发,采用有限差分法计算,可以针对多种材料和不同边界条件的采矿问题进行求解,直接通过材料的本构方程进行计算,不同的材料使用不同的本构方程,通过模拟单元的应变来求解其应力,不通过大型线性方程组而直接求解。它可以模拟煤炭资源开采后巷道围岩应力变化及变形规律、工作面覆岩活动及地表沉陷规律等,可以作定量和定性分析,并且可以变化不同参数研究不同条件采矿问题,可以求解非线性问题,包括几何非线性问题、物理非线性问题等。

和其他数值模拟软件相比,FLAC 具有运算规模大、求解速度快、占用内存较少等优点,能够相对客观地反映煤层开采后岩层运动的力学和变形特性,可通过差分方程将每个单元节点处的位移、应力和其他单元联系在一起。FLAC 可以提供 9 种基本模型,能够满足采矿工程中埋深、应力、岩性、不同开挖形态以及不同支护方式等条件岩层控制的需求,并且可与 CAD 软件相结合,将煤层或巷道开挖后的位移场云图、应力场云图、速度变化场以及相应矢量图以 CAD 文件输出,可以直观反映不同条件下各参数的变化规律,可以为复杂条件下的采矿相关设计提供依据。

FLAC 的内部运算过程如图 4-1 所示。由图 4-1 可以看出,FLAC 软件首先在设置的边界条件和初始条件下利用平衡方程得到各单元节点的速度与位移,然后通过本构方程得到应变,再获得应力,此后进入下一个循环阶段,经过多次循环迭代,直至各单元节点的位移或应力变化值小于设定值,模型达到平衡,从而可以获得相应的位移、应力和速度变化情况。

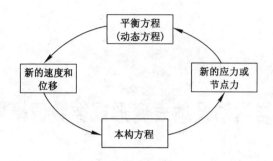

图 4-1　FLAC 的内部运算过程

4.2　数值模拟模型建立

4.2.1　数值模拟参数确定

（1）模型范围的确定

数值模拟是目前分析煤层开采后覆岩移动以及地表变形规律的重要方法之一，能够定量分析不同条件下煤层开采后覆岩应力变化以及变形特征，从而指导矿山安全高效生产。在运用数值模拟方法研究岩体运动变形规律的过程中，通过采用力学简化模型，可以有效节约模拟软件的计算步骤以及运算时间。根据研究区域实际地质条件，建立平面应力应变模型，模型两侧面为滑动支承，底部为固定支承。根据研究区域综合柱状图建立的数值模拟模型如图 4-2 所示。

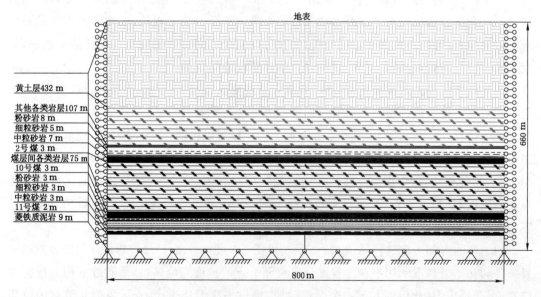

图 4-2　数值模拟模型

（2）材料属性的确定

研究区域岩体的基本物理力学参数根据矿井的实际地质条件以及相关资料获得,见表 4-1。围岩本构关系采用莫尔-库仑(Mohr-Coulumb)模型,为了简化模型、减少网格数量以便于计算,对综合柱状图中的部分岩层厚度作细微调整。

表 4-1　各岩层物理力学参数

编号	岩石名称	厚度/m	深度/m	弹性模量/GPa	密度（t/m³）	抗压强度/MPa	内聚力/MPa	内摩擦角/(°)
1	黄土层	432	432	0.015	1.5	0.021	0.015	16.1
2	泥岩	3	435	10.2	1.7	27.6	1.22	39.0
3	粉砂岩	6	441	16.0	2.1	39.0	10.5	35.0
4	细粒砂岩	9	450	35.0	2.6	56.6	23.1	37.5
5	黄土层	69	519	0.015	1.5	0.021	0.015	16.1
6	页岩	12	531	10.2	1.7	27.6	1.22	39.0
7	细粒砂岩	3	534	35.0	2.6	56.6	23.1	37.5
8	泥岩	5	539	10.2	1.7	27.6	1.22	39.0
9	粉砂岩	8	547	16.0	2.1	39.0	10.5	35.0
10	细粒砂岩	5	552	35.0	2.6	56.6	23.1	37.5
11	中粒砂岩	7	559	19.2	2.4	50.0	4.5	40.0
12	2 号煤	3	562	3.08	1.4	8.64	0.49	41.8
13	泥岩	4	566	11.2	1.7	28.0	1.4	39.0
14	$2_{下}$ 号煤	1	567	3.08	1.4	8.64	0.49	41.8
15	细粒砂岩	3	570	35.0	2.6	56.6	23.1	37.5
16	泥岩	8	578	11.2	1.7	28.0	1.4	39.0
17	4 号煤	1	579	3.08	1.4	8.64	0.49	41.8
18	泥岩	7	586	11.2	1.7	28.0	1.4	39.0
19	5 号煤	2	588	3.08	1.4	8.64	0.49	41.8
20	泥岩	2	590	11.2	1.7	28.0	1.4	39.0
21	6 号煤	1	591	3.08	1.4	8.64	0.49	41.8
22	泥岩	12	603	11.2	1.7	28.0	1.4	39.0
23	石灰岩	4	607	24.0	2.2	35.0	9.56	32.0
24	7 号煤	1	608	3.08	1.4	8.64	0.49	41.8
25	细粒砂岩	3	611	35.0	2.6	56.6	23.1	37.5
26	粉砂岩	4	615	16.0	2.1	39.0	10.5	35.0
27	石灰岩	6	621	24.0	2.2	35.0	9.56	32.0
28	泥岩	7	628	11.2	1.7	28.0	1.4	39.0
29	石灰岩	9	637	24.0	2.2	35.0	9.56	32.0
30	10 号煤	3	640	3.08	1.4	8.64	0.49	41.8

表 4-1(续)

编号	岩石名称	厚度/m	深度/m	弹性模量/GPa	密度(t/m³)	抗压强度/MPa	内聚力/MPa	内摩擦角/(°)
31	粉砂岩	3	643	16.0	2.1	39.0	10.5	35.0
32	细粒砂岩	3	646	35.0	2.6	56.6	23.1	37.5
33	中粒砂岩	3	649	19.2	2.4	50.0	4.5	40.0
34	11 号煤	2	651	3.08	1.4	8.64	0.49	41.8
35	菱铁质泥岩	9	660	11.5	1.8	27.6	1.4	39.0

4.2.2 模拟步骤

(1) 建立研究区域整体数值模拟模型,进行原岩应力的初始平衡计算;

(2) 分步开采 2 号煤层,从左向右依次进行条带开采,各条带开采分别进行应力平衡计算;

(3) 进行 10 号煤层开采,从左向右依次开采,并留设区段煤柱;

(4) 进行数据采集、处理及分析工作。

4.2.3 测线布置

在进行模型初始平衡计算后,在地表、2 号煤层以及 10 号煤层覆岩中分别设置一条监测线(见图 4-3),以观测煤层开采后地表、覆岩的应力和位移变化规律。2 号煤层覆岩监测线设置在 2 号煤层上方 20 m 的粉砂岩(关键层)顶部,10 号煤层覆岩监测线设置在 10 号煤层上方 22 m 的石灰岩(关键层)顶部,用于监测 2 号煤层和 10 号煤层开采后关键层的应力和位移变化情况。在开采 2 号煤层和 10 号煤层过程中,数值模拟的开采时间和实际开采时间不能够完全对应,会产生一定的误差,但分析结果能够较好地反映实际开采岩层移动的定性规律。

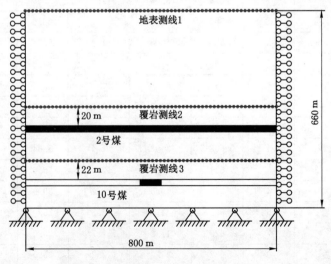

图 4-3 测线布置

4.2.4 模拟方案

数值模拟模型采用下行开采方式,先开采 2 号煤层,后开采 10 号煤层,从模型左侧向右侧依次开采,每次开采距离为 10 m。考虑模型边界效应以及采 50 m 留 70 m 和采 60 m 留 70 m 方案的工作面长度影响,2 号煤层采 50 m 留 70 m 模型左右两侧各留设 15 m 宽的边界煤柱,2 号煤层采 60 m 留 70 m 模型左右两侧各留设 45 m 宽的边界煤柱,10 号煤层左右两侧各留设 20 m 宽的边界煤柱,模型采用 Mohr-Coulumb 准则作为判别覆岩破坏的依据。

4.3 条带采空区下煤层开采覆岩运动及地表沉陷规律

4.3.1 数值模拟结果及分析

(1)上煤层条带开采数值模拟结果分析(以采 50 m 留 70 m 为例)

第一个条带开采工作面推进 30 m 时,覆岩基本顶(关键层)发生较大变形,工作面推进 40 m 时,基本顶发生初次破断,从而导致工作面初次来压,则条带开采工作面初次来压步距为 30~40 m。从开采过程中围岩垂直应力来看,如图 4-4 所示,工作面开采 30~40 m 时,最大垂直应力均发生在工作面两端,约为 20 MPa;工作面开采 30 m 时,采空区覆岩垂直应力峰值为 3.5 MPa,应力集中系数仅为 0.36(原岩应力为 9.6 MPa),而开采 40 m 时,采空区覆岩垂直应力峰值为 13.1 MPa,应力集中系数为 1.36,这说明工作面开采 30 m 时采空区承担的压力较小,压力主要由煤壁承担,开采 40 m 时,基本顶破断,采空区被压实,压力向采空区转移。在第一个条带开采工作面开采完毕时,工作面最大垂直应力为 21.3 MPa,应力集中系数为 2.22,应力峰值点在采空区两端煤柱内 7 m 左右处,超前支承压力影响范围在工作面前方 42 m 左右,采空区两端(采空区一侧)处于应力降低区,采空区中间部位应力和原岩应力相差不大,说明此时覆岩垮落矸石已压实采空区。工作面未发生周期来压,其他 6 个条带工作面开采后覆岩活动规律与第一个条带工作面开采后的覆岩活动规律是一致的。各个条带工作面开采后围岩垂直应力分布情况如图 4-5 所示。

(2)下煤层长壁开采数值模拟结果分析(以采 50 m 留 70 m 为例)

待上煤层条带开采结束且上覆岩层稳定后,开始进行下煤层长壁工作面开采。10 号煤层开采厚度为 3 m,2 号煤层和 10 号煤层相距 75 m,不属于近距离煤层,但上覆采空区有大规模留设煤柱,煤柱下的集中应力会对下煤层开采造成影响,使得覆岩活动规律及矿压显现规律产生变化。先开采 10 号煤层左侧工作面,中间留有 20 m 宽保护煤柱。工作面推进 20 m 时,直接顶产生较大变形,但尚未完全垮落;工作面推进 30 m 时,基本顶发生破断,工作面初次来压,则工作面初次来压步距为 20~30 m。采空区覆岩垂直应力峰值为 16.8 MPa,应力集中系数为 1.63(原岩应力为 10.3 MPa),而煤壁左、右两侧覆岩垂直应力峰值分别为 26.3 MPa 和 25.6 MPa,应力集中系数分别为 2.55 和 2.49,应力峰值点在工作面前方 10 m 左右处,超前支承压力影响范围在工作面前方 35 m 左右,采空区处于应力稳定区,说明顶板已经破断压实采空区。工作面推进 50 m 时,基本顶发生第二次周期性破

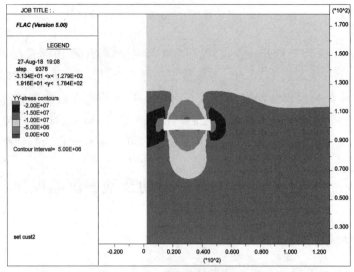

（a）工作面开采30 m

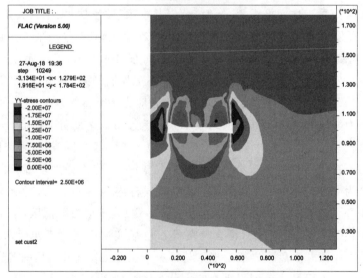

（b）工作面开采40 m

图 4-4　第一个条带工作面开采过程中围岩垂直应力分布情况

断,工作面第二次周期来压,此时,工作面前方最大垂直应力为 24.4 MPa,应力集中系数为 2.37,应力峰值点位置超前工作面 8 m 左右,超前支承压力影响范围在工作面前方 30 m 左右。工作面周期来压步距在 10～20 m。煤柱左侧 10 号煤层工作面开采完毕后围岩垂直应力分布情况如图 4-6 所示。

　　煤柱左侧 10 号煤层工作面开采完毕后,开始进行煤柱右侧长壁工作面开采。煤柱左右两侧工作面间留有 20 m 宽保护煤柱。在开采过程中,工作面来压步距和左侧开采时规律大致是一致的,工作面初次来压步距约为 30 m,周期来压步距为 10～20 m。垂直应力分布情况有所不同,右侧工作面的右侧煤壁上的垂直应力与左侧工作面垂直应力分布规律大致一致,峰值和影响范围略小,说明由于开采顺序的不同,有部分覆岩压力向工作面左侧转

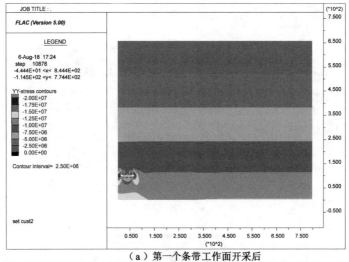

（a）第一个条带工作面开采后

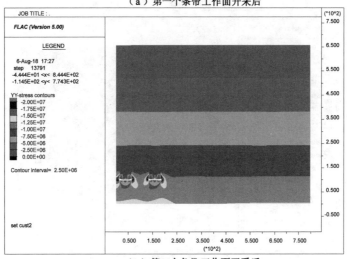

（b）第二个条带工作面开采后

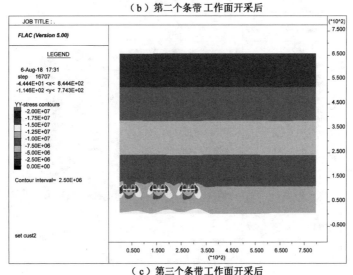

（c）第三个条带工作面开采后

图 4-5　各个条带工作面开采后覆岩垂直应力分布情况

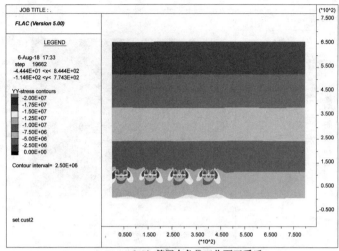

（d）第四个条带工作面开采后

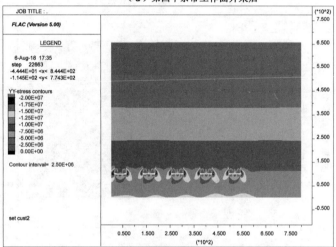

（e）第五个条带工作面开采后

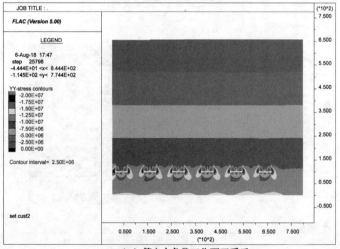

（f）第六个条带工作面开采后

图 4-5(续)

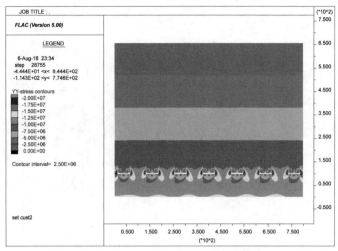

（g）第七个条带工作面开采后

图 4-5（续）

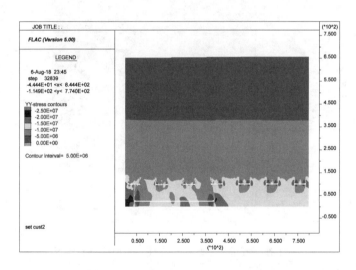

图 4-6 煤柱左侧 10 号煤层工作面开采完毕后围岩垂直应力分布情况

移；中间所留保护煤柱的垂直应力变化比较大，在右侧工作面开采后，保护煤柱上的垂直应力不论是影响范围还是峰值都急剧增加，当工作面开采 30 m 时，其应力峰值达到 35.8 MPa，应力集中系数为 3.48，应力增高区范围包含整个煤柱，之后应力峰值略有降低，最终稳定在 32 MPa 左右。煤柱右侧 10 号煤层工作面开采完毕后围岩垂直应力分布情况如图 4-7 所示，工作面开采完毕后保护煤柱垂直应力分布情况如图 4-8 所示。

4.3.2 覆岩活动规律分析

（1）2 号煤层开采测线 2 处覆岩活动规律

2 号煤层开采测线 2 处覆岩活动下沉曲线如图 4-9 所示。2 号煤层采 50 m 留 70 m 开采

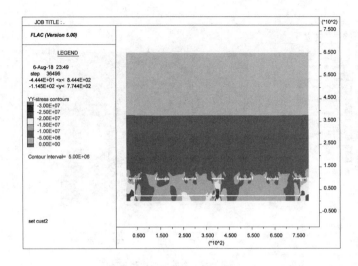

图 4-7　煤柱右侧 10 号煤层工作面开采完毕后围岩垂直应力分布情况

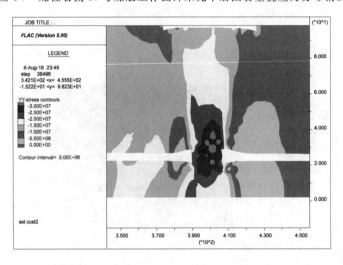

图 4-8　工作面开采完毕后保护煤柱垂直应力分布情况

后,测线 2 处覆岩整体呈波浪形下沉形态,煤柱上覆岩体下沉量较小,而采空区上覆岩体下沉量相对较大。覆岩下沉曲线在留设煤柱上方呈上凸形,煤柱边缘覆岩下沉量较大,最大下沉量为 0.26 m,向煤柱中部覆岩下沉量逐渐变小,直至趋近 0;而覆岩下沉曲线在采空区上方呈下凹形,且下凹形在采空区上方覆岩中呈不对称形态,最大下沉量位置位于采空区中部偏开切眼一侧,最大下沉量为 0.89 m。各采空区和煤柱上覆岩体下沉规律类似。2 号煤层采 60 m 留 70 m 开采后,测线 2 处覆岩整体活动规律和采 50 m 留 70 m 时的基本一致,主要表现为覆岩整体呈波浪形下沉形态,煤柱上覆岩体下沉量较小,而采空区上覆岩体下沉量相对较大,最大下沉量为 0.93 m,与采 50 m 留 70 m 时的最大下沉量较为接近。

(2) 10 号煤层开采测线 2 处覆岩活动规律

10 号煤层开采测线 2 处覆岩活动下沉曲线如图 4-10 所示。下煤层 10 号煤层开采后,

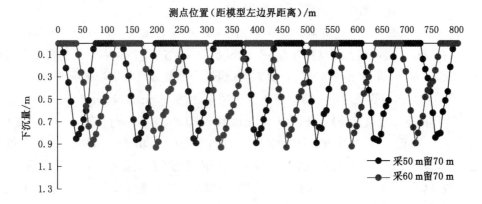

图 4-9　2 号煤层开采测线 2 处覆岩活动下沉曲线

采 50 m 留 70 m 和采 60 m 留 70 m 测线 2 处覆岩整体依然呈波浪形下沉形态,覆岩下沉曲线在留设煤柱上方呈上凸形,在采空区上方呈下凹形,但覆岩下沉量有所增加,整体呈现下凹形态,10 号煤层留设煤柱上覆岩体下沉量增加幅度较小。在采 50 m 留 70 m 开采的 7 个采空区中,第 2 和第 6 个条带采空区覆岩下沉量最大,最大下沉量达 1.96 m,向两边覆岩下沉量依次递减,第 4 个条带采空区上覆岩体下沉量较小,主要受第 4 个条带采空区下伏 10 号煤层开采时留设的区段保护煤柱的影响。下煤层 10 号煤层开采后,采 50 m 留 70 m 和采 60 m 留 70 m 测线 2 处覆岩活动规律有所差异,主要原因在于 10 号煤层留设煤柱位置的不同,采 50 m 留 70 m 时区段煤柱上覆为采空区,而采 60 m 留 70 m 时区段煤柱上覆为条带留设煤柱。采 60 m 留 70 m 时,6 个采空区中,第 2 和第 5 个条带采空区覆岩下沉量最大,向两边覆岩下沉量依次递减,采 60 m 留 70 m 时覆岩最大下沉量较采 50 m 留 70 m 时的有所增大,最大下沉量达 2.07 m。由此可以看出,2 号煤层开采后各采空区覆岩活动相互影响程度较大,而下伏 10 号煤层开采后各采空区覆岩活动相互影响造成采空区覆岩波动程度较大,二次采动对测线 2 处覆岩活动规律影响较大。

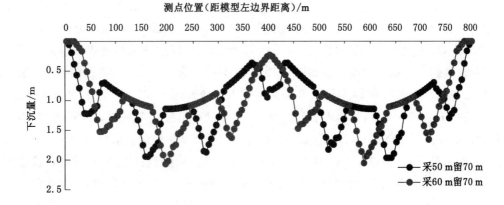

图 4-10　10 号煤层开采测线 2 处覆岩活动下沉曲线

（3）10 号煤层开采测线 3 处覆岩活动规律

10 号煤层开采后测线 3 处覆岩下沉曲线如图 4-11 所示。测线 3 处覆岩下沉量以留设煤柱为中心，在煤柱左右两侧大致对称分布，采 60 m 留 70 m 与采 50 m 留 70 m 的覆岩下沉量峰值相差不大，采 50 m 留 70 m 和采 60 m 留 70 m 测线 3 处覆岩最大下沉量分别为 1.64 m 和 1.67 m；10 号煤层区段煤柱对应上覆岩体下沉不明显，但采 50 m 留 70 m 和采 60 m 留 70 m 煤柱上覆岩体的下沉量略有差异，分别为 0.15 m 和 0.28 m，采 60 m 留 70 m 时下沉量较大，主要由于采 50 m 留 70 m 时区段煤柱上覆为采空区，而采 60 m 留 70 m 时区段煤柱上覆为条带留设煤柱，说明上覆条带煤柱形成的集中应力部分传递到下伏岩层中。从煤柱左端来看，覆岩下沉曲线整体呈现下凹形态，下沉量大小不同，对应 2 号煤层条带采空区下伏岩体下沉量相对较小，而条带煤柱下伏岩体下沉量则相对较大，说明上覆 2 号煤层条带留设煤柱产生的集中应力对下伏岩层的变形有一定影响。

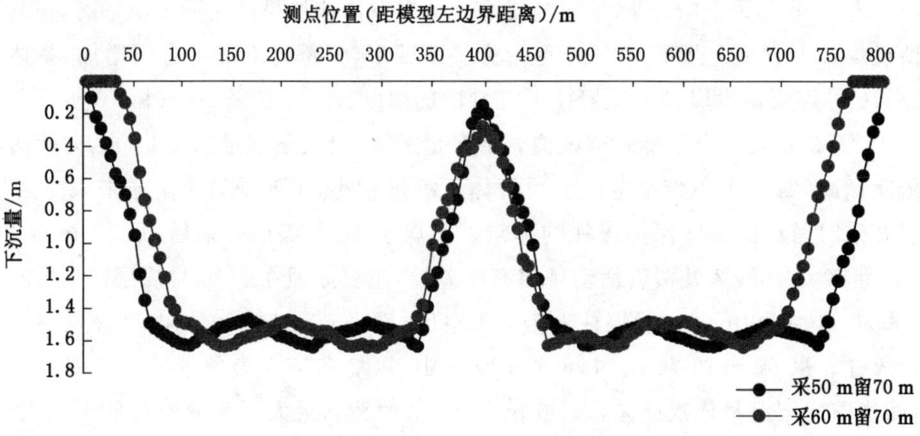

图 4-11　10 号煤层开采测线 3 处覆岩活动下沉曲线

4.3.3　地表变形规律分析

为研究条带开采下 10 号煤层开采地表变形规律，在模型最上方（地表处）每隔 10 m 布置 1 个测点，形成地表变形监测线，监测 2 号煤层和 10 号煤层开采后地表变形规律。地表下沉曲线、倾斜曲线以及曲率曲线如图 4-12 至图 4-17 所示。根据图 4-12、图 4-15 地表下沉曲线可以得到 2 号煤层和 10 号煤层开采后地表下沉量表达式 $W(x)$。地表变形倾斜值 i 可以通过公式 $i = dW/dx$ 得到，地表变形曲率值 K 可以利用公式 $K = d^2W/dx^2$ 得到，地表水平移动值 ε 可以利用公式 $i = BdW/dx$ 得到，地表水平移动值与倾斜值只有水平移动系数 B 的差异，故未列出，经模拟计算得 B 取值约为 0.63。其中，由于边界效应的影响，模型左右两边测点变形值不太准确，则在地表下沉曲线图形中去掉 $x = 0,800$ 两点，在地表倾斜曲线图形中去掉 $x = 0,10,790,800$ 四点，在地表曲率曲线图形中去掉 $x = 0,10,20,780,790,800$ 六点。

由图 4-12 至图 4-17 可以得到地表变形的主要规律如下：

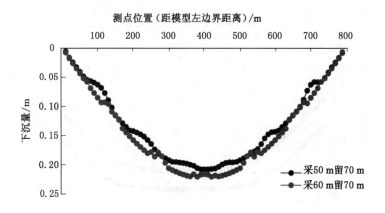

图 4-12 2 号煤层开采后地表下沉曲线

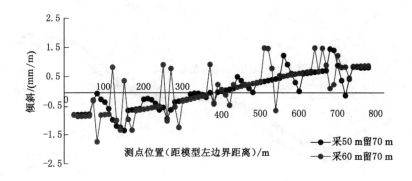

图 4-13 2 号煤层开采后地表倾斜曲线

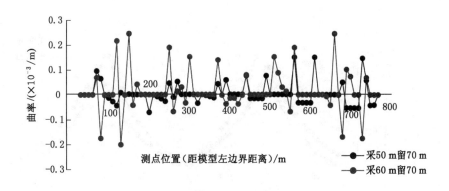

图 4-14 2 号煤层开采后地表曲率曲线

（1）2 号煤层开采后，条带工作面中部的地表下沉量较大，两边较小，地表下沉曲线整体呈下凹形态，且地表出现明显的波浪形下沉盆地，下沉盆地呈现锯齿状。从局部来看，采空区上覆地表越靠近条带开采群中部，地表下沉量越大，留设煤柱上覆地表变形在部分区域呈现减小

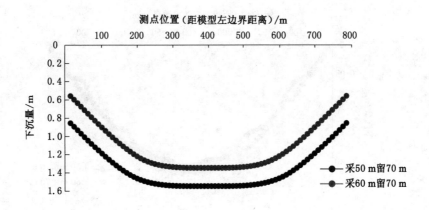

图 4-15　10 号煤层开采后地表下沉曲线

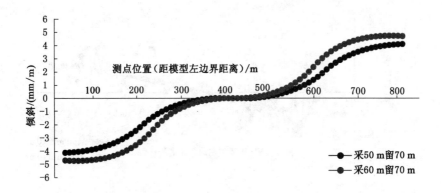

图 4-16　10 号煤层开采后地表倾斜曲线

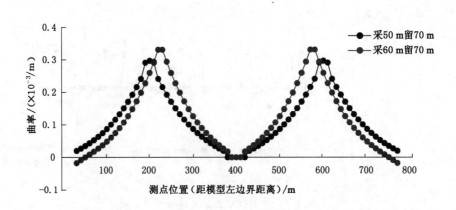

图 4-17　10 号煤层开采后地表曲率曲线

趋势,采 60 m 留 70 m 的地表最大下沉量比采 50 m 留 70 m 时的略大,分别为 0.221 m 和 0.208 m,采 50 m 留 70 m 地表最大下沉发生在条带开采群中部,即第 4 个采空区中部,而采

60 m 留 70 m 地表最大下沉发生在条带开采群中部两侧约 50 m 处,即第 3 和第 4 个采空区中部。采空区上覆地表倾斜曲线和曲率曲线较为规律,而条带留设煤柱上覆地表倾斜曲线和曲率曲线总体呈现杂乱无章的形态,采 60 m 留 70 m 的地表倾斜和曲率最大值比采 50 m 留 70 m 时的稍大。

(2) 10 号煤层开采后,地表下沉曲线整体呈下凹形态,对应工作面中部的地表下沉量较大,两边较小,靠近工作面中部地表下沉量变化较小,10 号煤层留设煤柱对地表变形影响较小,说明工作面处于充分采动条件下。采 60 m 留 70 m 的地表最大下沉量比采 50 m 留 70 m 时的略大,分别为 1.55 m 和 1.35 m。地表倾斜曲线和曲率曲线较为规律,地表倾斜在两侧达到最大,在中部趋近 0;地表曲率曲线呈波浪形变化形态,在两侧和中部曲率趋近 0,而在距左侧 200 m 和 600 m 处达到最大,采 60 m 留 70 m 的地表倾斜和曲率最大值比采 50 m 留 70 m 时的稍大。

(3) 对比 2 号煤层和 10 号煤层开采后地表变形规律可知,10 号煤层开采后地表下沉曲线、倾斜曲线以及曲率曲线较有规律,曲线变化连续性强,而 2 号煤层开采后地表变形曲线较为杂乱。由此说明,10 号煤层开采后地表变形处于充分采动条件下;而 2 号煤层开采后地表变形处于非充分采动条件下,条带群中采空区和留设煤柱对地表变形有较大影响。由表 4-2 所示的各类条件下地表变形指标最大值可知,采 60 m 留 70 m 的地表变形指标最大值比采 50 m 留 70 m 时的大,10 号煤层开采后地表变形指标最大值比 2 号煤层开采后的大,尤其是地表下沉量。

表 4-2　地表变形各指标最大值

开采方案		下沉 W_{max}/mm	下沉系数 η	水平变形 $\varepsilon_{max}/(\text{mm/m})$	倾斜 $i_{max}/(\text{mm/m})$	曲率 $K_{max}/(\times 10^{-3}/\text{m})$
2 号煤层开采	采 50 m 留 70 m	208	0.069	0.91	1.45	0.148
	采 60 m 留 70 m	221	0.074	1.10	1.74	0.247
10 号煤层开采	采 50 m 留 70 m	1 354	0.226	2.59	4.11	0.241
	采 60 m 留 70 m	1 553	0.259	2.97	4.72	0.331

4.4　10 号煤层开采合理区段煤柱尺寸研究

为了研究 10 号煤层开采区段煤柱的合理宽度,上覆 2 号煤层条带开采采用采 50 m 留 70 m 和采 60 m 留 70 m 两种方案,确定区段煤柱宽度为表 4-3 所示的 5 种方案。通过观察 10 号煤层开采后留设的区段煤柱内的垂直应力和塑性区变化规律,以确定合理区段煤柱宽度。

表 4-3　不同区段煤柱宽度模拟方案

方案	方案一	方案二	方案三	方案四	方案五
区段煤柱宽度/m	4	6	8	10	12

不同区段煤柱宽度下煤柱内垂直应力和塑性区变化情况如图 4-18 所示,不同区段煤柱宽度下煤柱内最大垂直应力变化情况如图 4-19 所示。

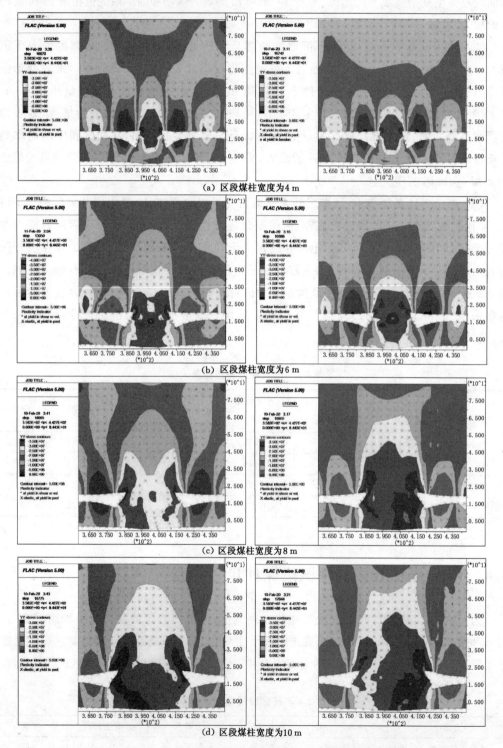

(a) 区段煤柱宽度为 4 m

(b) 区段煤柱宽度为 6 m

(c) 区段煤柱宽度为 8 m

(d) 区段煤柱宽度为 10 m

图 4-18　不同区段煤柱宽度下煤柱内垂直应力和塑性区变化情况

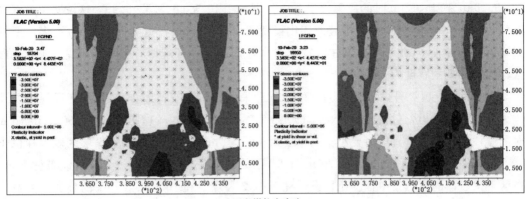

(e) 区段煤柱宽度为12 m

图 4-18(续)

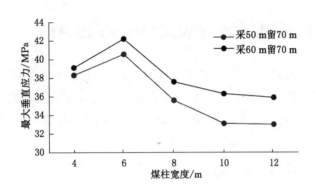

图 4-19 不同区段煤柱宽度下煤柱内最大垂直应力变化情况

（1）由区段煤柱塑性区可以看出，上覆 2 号煤层采 50 m 留 70 m 和采 60 m 留 70 m 时，10 号煤层开采后留设煤柱塑性区发育规律大致相同，采 50 m 留 70 m 的煤柱塑性区发育范围略小于采 60 m 留 70 m 时的。当区段煤柱留设宽度为 4 m 时，留设煤柱所有区域均为塑性区，不存在弹性区域，可见整个区段煤柱发生屈服，煤柱整体发生垮塌，处于失稳状态，所以 4 m 宽的煤柱难以维持巷道围岩的稳定；当留设煤柱宽度扩大到 6 m 时，煤柱中间有部分区域没有发生屈服，依然处于弹性状态，说明煤柱中间存在弹性核，可以保证巷道围岩不发生破坏及安全高效生产；随着留设煤柱宽度的继续扩大，至 8 m、10 m、12 m 时，煤柱两侧边缘部分处于塑性区，煤柱中间的弹性核逐渐增大，此时煤柱较为稳定，说明要保持区段煤柱稳定，其宽度须大于 6 m。

（2）由区段煤柱所受垂直应力可以看出，当煤柱宽度从 4 m 增加到 6 m 时，煤柱所受最大垂直应力也随着增加，采 50 m 留 70 m 从 39.12 MPa 增加至 42.21 MPa，采 60 m 留 70 m 从 38.31 MPa 增加至 40.56 MPa；而当煤柱宽度从 6 m 增加至 12 m 时，煤柱所受最大垂直应力随之减小。这说明当煤柱宽度为 4 m 时，留设煤柱由于应力叠加产生的集中应力超过煤体的强度极限，已经发生破坏而难以支承上覆岩层压力，而宽度为 6 m 以上的煤柱依然能够支承上覆岩层。从区段煤柱的应力集中程度来看，以采 60 m 留 70 m 为例，煤柱宽度为 6 m、8 m、10 m、12 m 时的应力集中系数分别为 4.10、3.65、3.52、3.49。这说明留设煤柱宽度为 6～8 m 时煤柱所受集中应力变化程度较大,而留设煤柱宽度大于 8 m 后,煤柱所受集中应力差异较小,此时增加煤柱的宽度对煤柱周围应力环境影响较小。可见,10 号煤层区段煤柱合理的宽度为 6～8 m。

(3) 对比上覆 2 号煤层采 50 m 留 70 m 和采 60 m 留 70 m 时 10 号煤层区段煤柱所受应力情况可以看出,当留设煤柱取不同宽度时,2 号煤层采 50 m 留 70 m 比采 60 m 留 70 m 时的煤柱所受最大垂直应力要小。这主要由于采 50 m 留 70 m 时 10 号煤层区段煤柱位于 2 号煤层采空区下,而采 60 m 留 70 m 时 10 号煤层区段煤柱位于 2 号煤层留设煤柱下,采空区下伏岩体的应力集中程度比留设煤柱下小,2 号煤层和 10 号煤层开采的叠加应力造成采 60 m 留 70 m 时区段煤柱应力集中程度大。因此,在条带开采下煤层开采区段煤柱一般留设在上覆煤层采空区下方为宜。

4.5　黄土层及基岩厚度对地表变形规律的影响

对于厚松散层薄基岩条件下地表变形规律,国内学者做了大量的研究,取得了丰硕的成果[272-280]。在上覆基岩中,若干较坚硬的厚岩层往往是控制采场围岩压力和岩层与地表移动的关键层。由于基岩薄,基岩层不能形成铰接岩梁一类稳定的"大结构",对地表变形的影响[281-285]较大。

4.5.1　黄土层厚度对地表变形规律的影响

为了研究黄土层厚度对地表变形的影响,在基岩厚度为 70 m(2 号煤层和 10 号煤层之间基岩厚度)、上覆 2 号煤层条带开采采 50 m 留 70 m 的条件下,确定黄土层厚度为表 4-4 所示的 5 种方案。通过观察 10 号煤层开采后地表变形随黄土层厚度增加的变化规律来研究黄土层厚度对地表变形规律的影响。表 4-5 给出了不同方案下 10 号煤层开采后地表变形各项参数的最大值。

表 4-4　不同黄土层厚度模拟方案

方案	方案一	方案二	方案三	方案四	方案五
黄土层厚度/m	300	350	400	450	500

由表 4-5 可以看出,当基岩厚度一定(70 m)时,黄土层厚度从 300 m 增加到 500 m 的过程中,10 号煤层开采后地表最大下沉量随着黄土层厚度的增加而减小,由 1 382 mm 减小到 1 285 mm,呈非线性递减趋势,地表倾斜、水平移动以及曲率也呈递减趋势。

4.5.2　基岩厚度对地表变形规律的影响

为了研究基岩厚度对地表变形的影响,在黄土层厚度为 500 m,上覆 2 号煤层条带开采采 50 m 留 70 m 的条件下,确定基岩厚度为表 4-6 所示的 4 种方案(在 2 号煤层与 10 号煤

表 4-5 不同黄土层厚度下 10 号煤层开采后地表变形各项参数的最大值

黄土层厚度/m	下沉 W/mm	下沉系数 η	水平变形 ε /(mm/m)	倾斜 i /(mm/m)	曲率 K/($\times 10^{-3}$/m)
300	1 382	0.230	2.81	4.47	0.299
350	1 375	0.229	2.76	4.38	0.284
400	1 362	0.227	2.68	4.25	0.265
450	1 332	0.222	2.53	4.01	0.234
500	1 285	0.214	2.30	3.65	0.189

层之间减少或增加部分岩层)。通过观察 10 号煤层开采后地表变形随基岩厚度增加的变化规律来研究基岩厚度对地表变形规律的影响。表 4-7 给出了不同方案下 10 号煤层开采后地表变形各项参数的最大值。

表 4-6 不同基岩厚度时模拟方案

方案	方案一	方案二	方案三	方案四
基岩厚度/m	60	70	80	90

表 4-7 不同基岩厚度下 10 号煤层开采后地表变形各项参数的最大值

基岩厚度/m	下沉 W/mm	下沉系数 η	水平变形 ε /(mm/m)	倾斜 i /(mm/m)	曲率 K /($\times 10^{-3}$/m)
60	1 396	0.232	2.82	4.48	2.263
70	1 354	0.226	2.59	4.11	0.241
80	1 333	0.222	2.45	3.89	0.226
90	1 322	0.220	2.36	3.75	0.215

由表 4-7 可以看出,当黄土层厚度一定(500 m)时,基岩厚度从 60 m 增加到 90 m 的过程中,10 号煤层开采后地表最大下沉量随着基岩厚度的增加而减小,由 1 396 mm 减小到 1 322 mm,呈非线性递减趋势,地表倾斜、水平移动以及曲率也呈递减趋势。这说明基岩在地表变形过程中起着关键层的作用,增加基岩厚度,即增加基岩承载能力,能够有效地减缓地表变形。

4.5.3 黄土层及基岩厚度对地表变形规律影响结果的对比分析

地表最大下沉量随黄土层和基岩厚度变化情况如图 4-20 和图 4-21 所示。通过对比两图可发现,在相同条件下(黄土层厚度从 300 m 增加至 500 m,基岩厚度从 60 m 增加至 90 m),黄土层和基岩厚度的增大都能够降低地表沉陷,且地表沉陷呈非线性减小趋势。黄土层厚度增加 200 m,地表最大下沉量降低了 97 mm,单位厚度降低值为 0.485 mm/m;而基岩厚度增加 30 m,地表最大下沉量降低了 74 mm,单位厚度降低值为 2.467 mm/m。这说明基岩厚度的增加对控制地表沉陷的效果更显著,基岩起着阻止黄土层沉降的控制层的作用[286]。

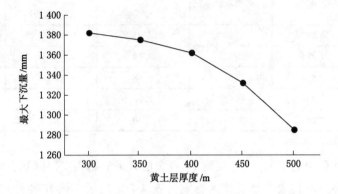

图 4-20　10 号煤层开采后地表最大下沉量随黄土层厚度变化情况

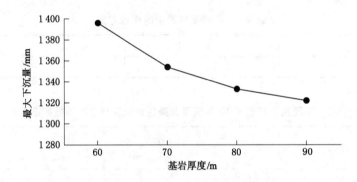

图 4-21　10 号煤层开采后地表最大下沉量随基岩厚度变化情况

4.6　本章小结

本章通过数值模拟分析了条带开采下煤层开采覆岩运动及地表变形规律、下煤层开采合理区段煤柱尺寸以及不同黄土层及基岩厚度对地表变形规律的影响,得出的主要结论如下:

(1) 2 号煤层开采后,上覆关键层整体呈波浪形下沉形态,煤柱上覆岩体下沉量较小,而采空区上覆岩体下沉量相对较大;下煤层 10 号煤层开采后,2 号煤层上覆关键层整体依然呈波浪形下沉形态,覆岩下沉曲线在留设煤柱上方呈上凸形,在采空区上方呈下凹形,但覆岩下沉量有所增加,下沉曲线整体呈现下凹形态,10 号煤层留设煤柱上覆岩体下沉量增加幅度较小,采 60 m 留 70 m 时覆岩下沉量比采 50 m 留 70 m 时的略大;10 号煤层开采后,10 号煤层上覆关键层下沉量以留设煤柱为中心,在煤柱两侧呈现对称分布,采 60 m 留 70 m 与采 50 m 留 70 m 的覆岩下沉量峰值略有差异,但相差不大,上覆 2 号煤层条带开采留设煤柱产生的集中应力对下伏岩层的变形有一定影响。

(2) 2 号煤层开采后,对应条带工作面中部地表下沉量较大,两边较小,地表下沉曲线整体呈下凹形态,且地表出现明显的波浪形下沉盆地,下沉盆地呈现锯齿状,地表变形处于非充分采动条件下,条带群中采空区和留设煤柱对地表变形有较大影响;10号煤层开采后,地表下沉曲线整体呈下凹形态,对应工作面中部的地表下沉量较大,两边较小,靠近工作面中部地表下沉量变化较小,地表变形处于充分采动条件下,10号煤层留设煤柱对地表变形影响较小,采60 m留70 m的地表变形指标最大值比采50 m留70 m时的略大。

(3) 当区段煤柱留设宽度为4 m时,留设煤柱所有区域均为塑性区,不存在弹性区域;当区段煤柱宽度扩大到6 m时,煤柱中间有部分区域没有发生屈服,依然处于弹性状态,随着区段煤柱宽度的继续增大,煤柱两侧边缘部分处于塑性区域,煤柱中间的弹性核逐渐增大,此时煤柱较为稳定。当区段煤柱宽度从4 m增加到6 m时,煤柱所受最大垂直应力也随之增加,而当区段煤柱宽度从6 m增加至12 m时,煤柱所受最大垂直应力随之减小。10号煤层区段煤柱合理的宽度为6~8 m,在条带开采下煤层开采区段煤柱一般留设在上覆煤层采空区下方为宜。

(4) 在相同条件下(黄土层厚度从300 m增加至500 m,基岩厚度从60 m增加至90 m),黄土层和基岩厚度的增加都能够降低地表沉陷,且地表深陷呈非线性减小趋势,但基岩厚度的增加对控制地表沉陷的效果更显著,基岩起着阻止黄土层沉降的控制层的作用。

5 条带开采下煤层开采覆岩结构力学研究

由条带开采下煤层开采覆岩活动物理模拟和数值模拟研究结果可知,条带开采后进行下煤层开采时,两相邻煤层之间岩层的破断、破断结构的稳定性以及由此引起的力学效应是下煤层采场围岩控制的关键。上部条带开采后,造成覆岩应力重新分布,上覆岩层压力向条带开采留设煤柱方向转移,形成应力集中区。当下煤层开采至煤柱下方时,则上覆岩层载荷将通过留设煤柱传递到下煤层顶板上,会给工作面顶板控制带来一定程度的影响。当下部煤层开采至上部条带采空区下方时,由于上覆岩层位于应力降低区,顶板承受覆岩压力相对较小,则下煤层开采相对容易。覆岩结构力学研究关系采场支架参数的合理确定和安全管理。因而研究条带开采下煤层开采覆岩运动的结构力学模型及其稳定性,对保证此类工作面安全高效开采具有重要意义,同时对揭示条带开采下煤层开采覆岩运动规律及确定合理的支护阻力具有一定的现实意义。

5.1 初次来压力学分析

从力学机理上分析基本顶(关键层)的破断步距和特征,对正确认识顶板结构形态、预测预报采场顶板来压、掌握岩层移动规律及进行岩层控制等具有重要的意义。条带开采下煤层工作面开采覆岩结构示意图如图 5-1 所示,两层煤之间有关键层,且煤层相距不远,则上煤层条带开采必然造成下伏关键层受力不均匀,从而影响下煤层开采的初次来压以及周期来压步距,乃至对工作面矿压显现产生较大的影响。

对于下煤层长壁开采而言,可以建立关键层简支梁模型。为了计算的简便,考虑最危险的情况,即上覆岩层的压力主要集中在上覆煤柱之上,上覆采空区所受压力相对较小,传递至关键层的压力假设为 0。采用如下基本假设:

(1)上覆岩层作用于上煤层煤柱的集中载荷均匀分布于煤柱上方,且均匀垂直传递到下伏关键层上。

(2)上煤层采空区下伏关键层上的载荷为关键层至上覆煤层层间岩层自重载荷。

根据以上假设,建立下煤层关键层破断时简支梁力学模型,模型长度为 $l+e$,受非均布载荷作用,模型从右向左开采,力学模型如图 5-2 所示,关键层两端破断位置主要分为表 5-1 所示 4 种情况。图 5-2(a)表示下煤层开采开切眼位于上覆条带采空区下,关键层初次破断位置位于采空区下;图 5-2(b)表示下煤层开采开切眼位于上覆条带采空区下,关键层初次破断位置位于留设煤柱下;图 5-2(c)表示下煤层开采开切眼位于上覆煤层留设煤柱下,关键层初次破断位置位于留设煤柱下;图 5-2(d)表示下煤层开采开切眼位于上覆煤层留设煤

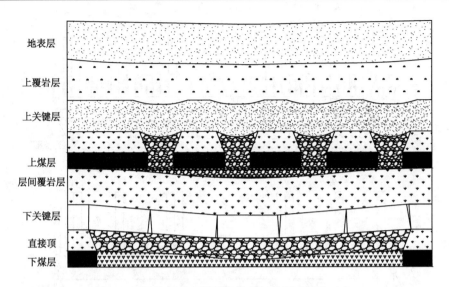

图 5-1　条带开采下煤层工作面开采覆岩结构示意

柱下,关键层初次破断位置位于采空区下。

表 5-1　下煤层开采工作面初次来压关键层破断位置

破断位置	位置一	位置二	位置三	位置四
A 端	采空区下	留设煤柱下	留设煤柱下	采空区下
B 端	采空区下	采空区下	留设煤柱下	留设煤柱下

由此可知,4 种情况下关键层的极限跨距(初次来压步距)l_T 均为 $l_T = l + e$,但 4 种条件的取值不一样。

位置一条件下,关键层的极限跨距为:

$$l_T = l + e = Na + (N-1)b + c + e \tag{5-1}$$

位置二条件下,关键层的极限跨距为:

$$l_T = l + e = Na + Nb + c + e \tag{5-2}$$

位置三条件下,关键层的极限跨距为:

$$l_T = l + e = Na + (N+1)b + c + e \tag{5-3}$$

位置四条件下,关键层的极限跨距为:

$$l_T = l + e = Na + Nb + c + e \tag{5-4}$$

在实际开采过程中,c 值为已知数,则要计算岩梁的极限跨距,须先计算 N 和 e 的值。

5.1.1　N 值的计算

N 的取值条件在于,当工作面开采至 N 个条带时,关键层不会发生破断,而当工作面开采至 $N+1$ 个条带时,关键层必然发生破断。由此只需要计算工作面发生破断前的最大条带数目,即可得到 N 值。在位置一条件下,左端去掉 e,右端去掉 c 长度段;在位置二条件

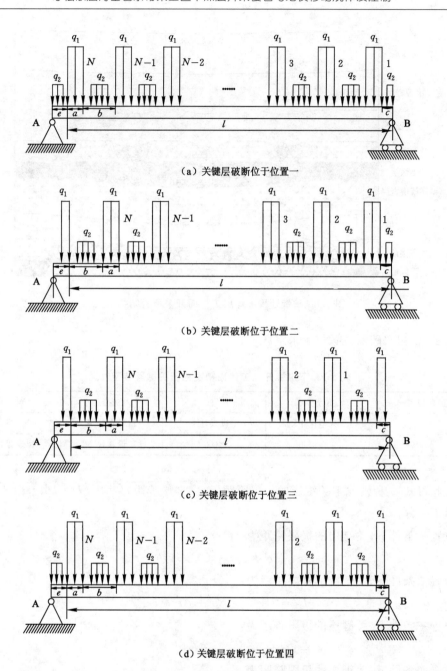

（a）关键层破断位于位置一

（b）关键层破断位于位置二

（c）关键层破断位于位置三

（d）关键层破断位于位置四

$l+e$—关键层的极限跨距；q_1—上覆煤层留设煤柱下关键层所受载荷；

q_2—上覆煤层采空区下关键层所受载荷；a—上覆煤层留设；b—上覆煤层采宽。

图 5-2　关键层初次破断简支梁受力模型

下，左端去掉 $e+b$，右端去掉 c 长度段；在位置三条件下，左端去掉 $e+b$，右端去掉 $c+b$ 长度段；在位置四条件下，左端去掉 e，右端去掉 $c+b$ 长度段。根据两端简支的单跨静定梁（长度为 l_1）条件，计算梁破断前 N 的取值，其受力分析简图如图 5-3 所示。

根据简支梁受力边界条件，去掉两端约束，可得力学模型如图 5-4 所示。

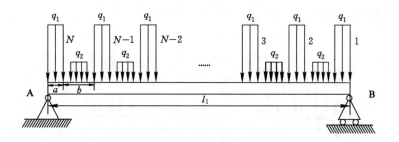

$$l_1 = Na + (N-1)b。$$

图 5-3 位置一 N 值计算简支梁受力分析简图

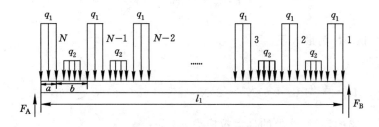

图 5-4 N 值计算力学模型

因为该结构为对称静定结构,可得:

$$F_A = F_B = \frac{aNq_1 + b(N-1)q_2}{2} \tag{5-5}$$

取对称结构的一半进行分析。

(1) N 为奇数

力学模型如图 5-5 所示。

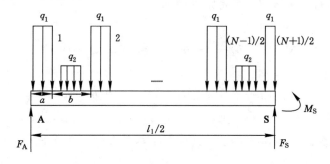

图 5-5 N 为奇数时力学模型

由竖直方向受力平衡可得 $F_S = 0$,则在这一截面上弯矩 M_S 取极值。由于 A,B 两端的弯矩为 0,则此处的 M_S 为最大值。

经计算可得:

$$M_S = \frac{q_1 a}{8}\left[(a+b)N^2 - 2bN + b\right] + \frac{q_2 b}{8}\left[(a+b)N^2 - 2bN - a + b\right]$$

(2) N 为偶数

力学模型如图 5-6 所示。

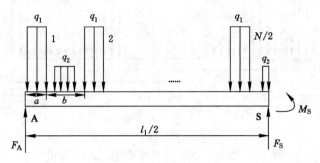

图 5-6　N 为偶数时力学模型

同理,此处的 M_S 为最大值。

经计算可得:

$$M_S = \frac{q_1 a}{8}\big[(a+b)N^2 - 2bN\big] + \frac{q_2 b}{8}\big[(a+b)N^2 - 2bN + b\big]$$

根据对简支梁的计算,该处的最大拉应力 σ_{max} 为:

$$\sigma_{max} = \frac{3q_1 a\big[(a+b)N^2 - 2bN + b\big] + 3q_2 b\big[(a+b)N^2 - 2bN - a + b\big]}{4h^2}\ （N\ 为奇数）$$

$$\text{(5-6)}$$

$$\sigma_{max} = \frac{3q_1 a\big[(a+b)N^2 - 2bN\big] + 3q_2 b\big[(a+b)N^2 - 2bN + b\big]}{4h^2}\ （N\ 为偶数）\quad \text{(5-7)}$$

令 $\sigma_T \leqslant \sigma_{max}$,得出:

$$N_{max} = N \tag{5-8}$$

则 4 种位置条件下关键层极限跨距 l_T 值如下。

位置一:

$$N_{max}(a+b) + c - b \leqslant l_T \leqslant N_{max}(a+b) + c \tag{5-9}$$

位置二:

$$N_{max}(a+b) + c \leqslant l_T \leqslant N_{max}(a+b) + c + a \tag{5-10}$$

位置三:

$$(N_{max} + 1)(a+b) + c - a \leqslant l_T \leqslant (N_{max} + 1)(a+b) + c \tag{5-11}$$

位置四:

$$N_{max}(a+b) + c \leqslant l_T \leqslant N_{max}(a+b) + c + b \tag{5-12}$$

5.1.2　e 值的计算

(1) 位置一 e 值的计算

当下煤层开采开切眼位于上覆条带采空区下,关键层初次破断位置位于采空区下时,其受力分析简图如图 5-7 所示。

可得:

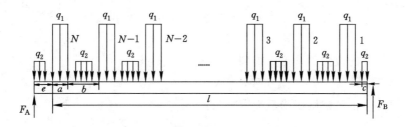

图 5-7　关键层梁受力分析简图(位置一)

$$F_A = \frac{aNq_1(l+c) + b(N-1)q_2(l+c) + q_2e(e+2l) + q_2c^2}{2(l+e)} \qquad (5\text{-}13)$$

用截面法分析关键层梁的弯矩的最大值 M_{max},如图 5-8 所示。当所截出截面上 F_S 为 0 时,可得关键层梁的最大弯矩,设梁的宽度为单位宽度,根据式(5-14)可知此时的截面即关键层梁所受最大拉应力的截面。

$$\sigma_{max} = \frac{6M_{max}}{h^2} \qquad (5\text{-}14)$$

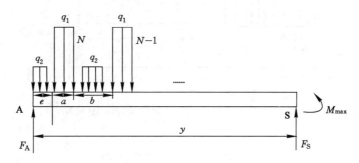

图 5-8　关键层梁所受最大弯矩受力分析简图(位置一)

此时,弯矩最大值截面存在两种情况:一种位于留设煤柱下;另一种位于采空区下。令留设煤柱数目为 N_1,采空区数目为 N_2,A 端至关键层弯矩最大值截面处的距离为 y,最后一个集中载荷左边缘距弯矩最大值截面处的距离为 y_1。

① 位于留设煤柱下

由 5-9 所示受力模型可得式(5-15)和式(5-16):

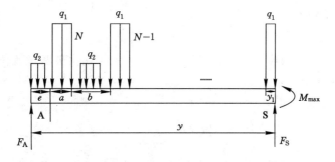

图 5-9　最大弯矩位于留设煤柱下梁受力模型(位置一)

$$F_A = eq_2 + N_1q_1 + N_2q_2 + y_1q_1 \tag{5-15}$$

$$N_1 = N_2 \tag{5-16}$$

根据图 5-9 中的位置关系可以得到 y 的值：

$$y = e + N_1(a+b) + y_1 \tag{5-17}$$

由此可以计算出关键层所受最大弯矩为：

$$M_{max} = -F_A y + N_1(aq_1 + bq_2)\frac{y-e+y_1}{2} + \frac{q_1}{2}y_1^2 + 2eq_2(2y-e) \tag{5-18}$$

联立式(5-14)、式(5-17)和式(5-18)可得 e 值，如 $0 < e < b$，则取解，否则舍去。由此可得关键层的极限跨距 $l_T = l + e$。

②位于采空区下

由图 5-10 所示受力模型可得式(5-19)和式(5-20)：

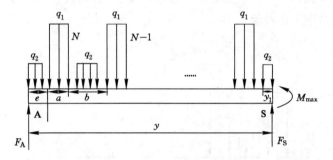

图 5-10　最大弯矩位于采空区下梁受力模型(位置一)

$$F_A = eq_2 + N_1q_1 + N_2q_2 + y_1q_2 \tag{5-19}$$

$$N_1 = N_2 + 1 \tag{5-20}$$

根据图 5-10 中的位置关系可以得到 y 的值：

$$y = e + N_1a + N_2b + y_1 \tag{5-21}$$

由此可以计算出关键层所受最大弯矩为：

$$M_{max} = -F_A y + (N_1aq_1 + N_2bq_2)\frac{y-e+y_1}{2} + \frac{q_2}{2}y_1^2 + 2eq_2(2y-e) \tag{5-22}$$

联立式(5-14)、式(5-21)和式(5-22)可得 e 值，如 $0 < e < b$，则取解，否则舍去。由此可得关键层的极限跨距 $l_T = l + e$。

(2) 位置二 e 值的计算

当下煤层开采开切眼位于上覆条带采空区下，关键层初次破断位置位于条带留设煤柱下时，其受力分析简图如图 5-11 所示。

可得：

$$F_A = \frac{N(aq_1 + bq_2)(l+c) + q_1e(e+2l) + q_2c^2}{2(l+e)} \tag{5-23}$$

用截面法分析关键层梁的弯矩的最大值 M_{max}，如图 5-12 所示。与位置一计算 e 值方法相同，当所截出截面上 F_S 为 0 时，此时关键层梁的弯矩最大，设梁的宽度为单位宽度，根

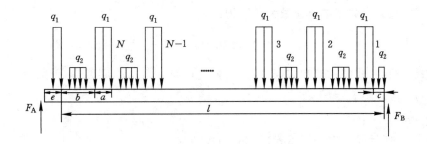

图 5-11　关键层梁受力分析简图(位置二)

据式(5-14)可知此时的截面即位置二关键层梁所受最大拉应力的截面。

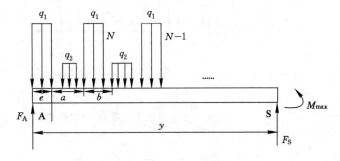

图 5-12　关键层梁所受最大弯矩受力分析简图(位置二)

此时,弯矩最大值截面同样存在两种情况:一种位于留设煤柱下;另一种位于采空区下。令留设煤柱数目为 N_1,采空区数目为 N_2,A 端至关键层弯矩最大值截面处的距离为 y,最后一个集中载荷左边缘距弯矩最大值截面处的距离为 y_1。

① 位于留设煤柱下

由图 5-13 所示受力模型可得式(5-24)和式(5-25):

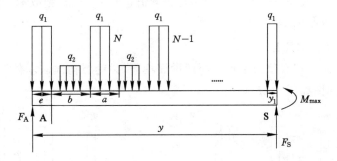

图 5-13　最大弯矩位于留设煤柱下梁受力模型(位置二)

$$F_A = eq_1 + N_1 q_1 + N_2 q_2 + y_1 q_1 \tag{5-24}$$

$$N_1 = N_2 - 1 \tag{5-25}$$

根据图 5-13 中的位置关系可以得到 y 的值:

$$y = e + N_1 a + N_2 b + y_1 \tag{5-26}$$

由此可以计算出关键层所受最大弯矩为：

$$M_{\max} = -F_A y + (N_1 a q_1 + N_2 b q_2)\frac{y - e + y_1}{2} + \frac{q_1}{2}y_1^2 + 2eq_1(2y - e) \qquad (5-27)$$

联立式(5-14)、式(5-26)和式(5-27)可得 e 值，如 $0 < e < a$，则取解，否则舍去。由此可得关键层的极限跨距 $l_T = l + e$。

② 位于采空区下

由图 5-14 所示受力模型可得式(5-28)和式(5-29)：

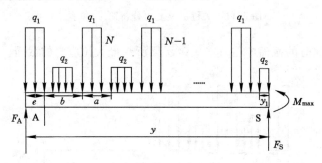

图 5-14　最大弯矩位于采空区下梁受力模型(位置二)

$$F_A = eq_1 + N_1 q_1 + N_2 q_2 + y_1 q_2 \qquad (5-28)$$

$$N_1 = N_2 \qquad (5-29)$$

根据图 5-14 中的位置关系可以得到 y 的值：

$$y = e + N_1(a + b) + y_1 \qquad (5-30)$$

由此可以计算出关键层所受最大弯矩为：

$$M_{\max} = -F_A y + N_1(a q_1 + b q_2)\frac{y - e + y_1}{2} + \frac{q_2}{2}y_1^2 + 2eq_1(2y - e) \qquad (5-31)$$

联立式(5-14)、式(5-30)和式(5-31)可得 e 值，如 $0 < e < a$，则取解，否则舍去。由此可得关键层的极限跨距 $l_T = l + e$。

(3) 位置三 e 值的计算

当下煤层开采开切眼位于上覆煤层留设煤柱下，关键层初次破断位置位于留设煤柱下时，其受力分析简图如图 5-15 所示。

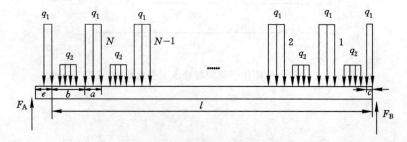

图 5-15　关键层梁受力分析简图(位置三)

可得：

$$F_A = \frac{aNq_1(l+c) + b(N+1)q_2(l+c) + q_1e(e+2l) + q_1c^2}{2(l+e)} \tag{5-32}$$

用截面法分析关键层梁的弯矩的最大值 M_{max}，位置三截面图与位置二的一致，如图 5-12 所示。与位置一计算 e 值方法相同，当所截出截面上 F_S 为 0 时，此时关键层梁的弯矩最大，设梁的宽度为单位宽度，根据式(5-14)可知此时的截面即位置三关键层梁所受最大拉应力的截面。

此时，弯矩最大值截面同样存在两种情况：一种位于留设煤柱下；另一种位于采空区下。令留设煤柱数目为 N_1，采空区数目为 N_2，A 端至关键层弯矩最大值截面处的距离为 y，最后一个集中载荷左边缘距弯矩最大值截面处距离为 y_1。

① 位于留设煤柱下

位置三位于留设煤柱下与位置二位于留设煤柱下受力模型以及求解的过程一致，可参照位置二求解过程获得 e 值。

② 位于采空区下

位置三位于采空区下与位置二位于采空区下受力模型以及求解的过程一致，可参照位置二求解过程获得 e 值。

（4）位置四 e 值的计算

当下煤层开采开切眼位于上覆煤层留设煤柱下，关键层初次破断位置位于采空区下时，其受力分析简图如图 5-16 所示。

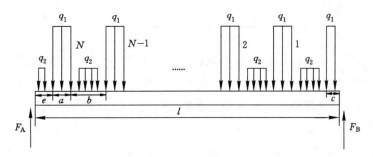

图 5-16 关键层梁受力分析简图（位置四）

可得：

$$F_A = \frac{N(aq_1 + bq_2)(l+c) + q_2e(e+2l) + q_1c^2}{2(l+e)} \tag{5-33}$$

用截面法分析关键层梁的弯矩的最大值 M_{max}，位置四截面图与位置一的一致，如图 5-8 所示。与位置一计算 e 值方法相同，当所截出截面上 F_S 为 0 时，此时关键层梁的弯矩最大，设梁的宽度为单位宽度，根据式(5-14)可知此时的截面即位置四关键层梁所受最大拉应力的截面。

此时，弯矩最大值截面同样存在两种情况：一种位于留设煤柱下；另一种位于采空区下。令留设煤柱数目为 N_1，采空区数目为 N_2，A 端至关键层弯矩最大值截面处的距离为

y,最后一个集中载荷左边缘距弯矩最大值截面处距离为 y_1。

① 位于留设煤柱下

位置四位于留设煤柱下与位置一位于留设煤柱下受力模型以及求解的过程一致,可参照位置一求解过程获得 e 值。

② 位于采空区下

位置四位于采空区下与位置一位于采空区下受力模型以及求解的过程一致,可参照位置一求解过程获得 e 值。

5.1.3 不同参数条件下初次来压步距变化规律

5.1.3.1 采宽、留宽的影响

为了研究采宽、留宽对关键层初次来压步距的影响规律,设置相关基本条件,令 q_1 为 1 MPa,q_2 为 0.5 MPa,关键层厚度为 10 m、抗拉强度为 6 MPa。

（1）留宽

当采宽为 10 m,下煤层开切眼位于上煤层采空区或留设煤柱下,距离 $c=5$ m 时,采用表 5-2 所示方案研究留宽对关键层初次来压步距的影响规律。

表 5-2　不同留宽方案
单位:m

开切眼位置	方案一	方案二	方案三	方案四	方案五
采空区下	10	12	14	16	18
留设煤柱下	10	12	14	16	18

留宽对关键层初次来压步距的影响规律如图 5-17 所示。由图 5-17 可以得出:在当前假定条件下,下煤层开切眼不论是位于上煤层采空区下还是留设煤柱下,随着留宽的增加关键层初次来压步距均逐渐减小。这是因为留设煤柱下覆岩载荷较大,覆岩载荷增加造成关键层较早破断。下煤层开切眼位置对关键层初次来压步距也有较大影响,当位于采空区下时,随着留宽的增加初次来压步距减小,且减小幅度逐渐减小;而当位于留设煤柱下时,随着留宽的增加初次来压步距减小,且减小的幅度呈增大趋势。

（2）采宽

当留宽为 10 m,下煤层开切眼位于上煤层采空区或留设煤柱下,距离 $c=5$ m 时,采用表 5-3 所示方案研究采宽对关键层初次来压步距的影响规律。

表 5-3　不同采宽方案
单位:m

开切眼位置	方案一	方案二	方案三	方案四	方案五
采空区下	10	12	14	16	18
留设煤柱下	10	12	14	16	18

采宽对关键层初次来压步距的影响规律如图 5-18 所示。由图 5-18 可以得出:在当前

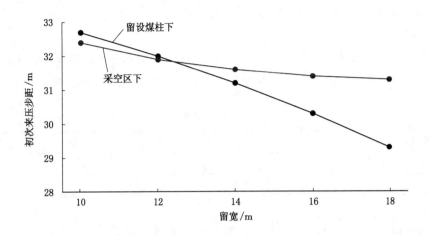

图 5-17 留宽对关键层初次来压步距的影响规律

假定条件下,与留宽对关键层初次来压步距影响规律相反,下煤层开切眼不论是位于上煤层采空区下还是留设煤柱下,随着采宽的增加关键层初次来压步距均逐渐增加。不难理解其原因,留设煤柱下覆岩载荷较大,而采空区下覆岩载荷相对较小,则增加采宽相当于减小覆岩载荷,势必会造成关键层延迟破断。与留宽影响规律一致,下煤层开切眼位置对关键层初次来压步距也有较大影响,当位于采空区下时,随着采宽的增加初次来压步距增加,但增加幅度较小且呈减缓趋势;而当位于留设煤柱下时,随着采宽的增加初次来压步距增加,且增加幅度较大并呈增大趋势。

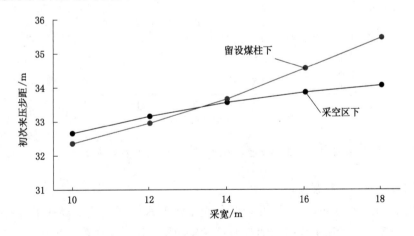

图 5-18 采宽对关键层初次来压步距的影响规律

由此可以得出留宽、采宽对关键层初次来压步距的影响规律,即随着留宽的增加关键层初次来压步距呈减小趋势,而随着采宽的增加关键层初次来压步距呈增大趋势。下煤层开切眼位于上煤层留设煤柱下时,对初次来压步距的影响要大于位于上煤层采空区下。

5.1.3.2 关键层厚度、岩性的影响

为了研究关键层厚度、岩性对关键层初次来压步距的影响规律,设置相关基本条件,令

采宽为 10 m,留宽为 10 m,q_1 为 1 MPa,q_2 为 0.5 MPa。

（1）关键层厚度

当关键层抗拉强度为 6 MPa,下煤层开切眼位于上煤层采空区或留设煤柱下,距离 $c=$ 5 m时,采用表5-4所示方案研究关键层厚度对关键层初次来压步距的影响规律。

表 5-4　不同关键层厚度方案

单位:m

开切眼位置	方案一	方案二	方案三	方案四	方案五
采空区下	8	9	10	11	12
留设煤柱下	8	9	10	11	12

关键层厚度对关键层初次来压步距的影响规律如图 5-19 所示。由图 5-19 可以得出:在当前假定条件下,下煤层开切眼不论是位于上煤层采空区下还是留设煤柱下,随着关键层厚度的增加,关键层初次来压步距均逐渐增加。这是因为增加关键层厚度相当于增加岩层来共同承担覆岩载荷,则关键层所受最大应力有所降低,在一定程度上可减缓关键层的破断即其初次来压步距增加。下煤层开切眼位置对关键层初次来压步距影响不大,两种条件下随着关键层厚度的增加,关键层初次来压步距基本呈线性增加规律。

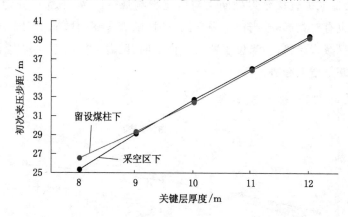

图 5-19　关键层厚度对关键层初次来压步距的影响规律

（2）关键层岩性（抗拉强度）

当关键层厚度为 10 m,下煤层开切眼位于上煤层采空区或留设煤柱下,距离 $c=$ 5 m时,采用表5-5所示方案研究关键层岩性对关键层初次来压步距的影响规律。

表 5-5　不同关键层抗拉强度方案

单位:MPa

开切眼位置	方案一	方案二	方案三	方案四	方案五
采空区下	4	5	6	7	8
留设煤柱下	4	5	6	7	8

关键层抗拉强度对关键层初次来压步距的影响规律如图 5-20 所示。由图 5-20 可以得

出:在当前假定条件下,下煤层开切眼不论是位于上煤层采空区下还是留设煤柱下,随着关键层抗拉强度的增加,关键层初次来压步距均逐渐增加。这是因为关键层抗拉强度的增加使得关键层的基本物理力学性能得以提高,在相同条件下关键层能承受更大的覆岩载荷,从而使关键层的初次来压步距增加。此条件下,下煤层开切眼位置对关键层初次来压步距影响不大,两种条件下随着关键层抗拉强度的增加,关键层初次来压步距基本呈线性增加趋势。

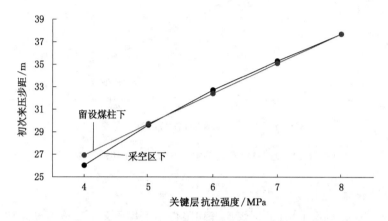

图 5-20 关键层抗拉强度对关键层初次来压步距的影响规律

由此可以得出关键层本身条件(厚度、抗拉强度)对关键层初次来压步距的影响规律,即随着关键层厚度和抗拉强度的增加,关键层初次来压步距呈线性增加趋势。此条件下,下煤层开切眼位置对关键层初次来压步距的影响不大。

5.1.3.3 覆岩载荷的影响

为了研究覆岩载荷对关键层初次来压步距的影响规律,设置相关基本条件,令采宽为10 m,留宽为10 m,关键层厚度为10 m、抗拉强度为6 MPa。

（1）留设煤柱载荷

当采空区载荷 q_2 为 0.5 MPa,下煤层开切眼位于上煤层采空区或留设煤柱下,距离 $c=$ 5 m 时,采用表 5-6 所示方案研究留设煤柱载荷对关键层初次来压步距的影响规律。

表 5-6 不同留设煤柱载荷方案

单位:MPa

开切眼位置	方案一	方案二	方案三	方案四	方案五
采空区下	1.0	1.2	1.4	1.6	1.8
留设煤柱下	1.0	1.2	1.4	1.6	1.8

留设煤柱载荷对关键层初次来压步距的影响规律如图 5-21 所示。由图 5-21 可以得出:在当前假定条件下,下煤层开切眼不论是位于上煤层采空区下还是留设煤柱下,随着留设煤柱载荷的增加,关键层初次来压步距均逐渐减小。这是因为增加留设煤柱载荷相当于增加覆岩总体载荷,从而使得关键层受力增加,促使关键层破断步距减小。下煤层开切眼位置对关键层初次来压步距影响略有不同:开切眼位于采空区下,随着留设煤柱载荷的增

加关键层初次来压步距基本呈线性减小趋势；而开切眼位于留设煤柱下，随着留设煤柱载荷的增加关键层初次来压步距呈减小趋势，但减小幅度逐渐降低。

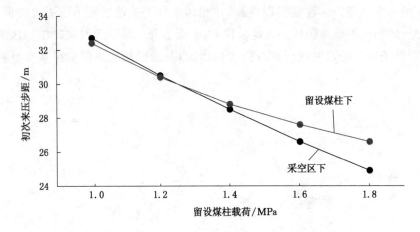

图 5-21　留设煤柱载荷对关键层初次来压步距的影响规律

（2）采空区载荷

当留设煤柱载荷 q_1 为 1 MPa，下煤层开切眼位于上煤层采空区或留设煤柱下，距离 $c=$ 5 m 时，采用表 5-7 所示方案研究采空区载荷对关键层初次来压步距的影响规律。

表 5-7　不同采空区载荷方案　　　　　　　　　　　　　　　　　　　　　　　单位：MPa

开切眼位置	方案一	方案二	方案三	方案四	方案五
采空区下	0.3	0.4	0.5	0.6	0.7
留设煤柱下	0.3	0.4	0.5	0.6	0.7

采空区载荷对关键层初次来压步距的影响规律如图 5-22 所示。由图 5-22 可以得出：在当前假定条件下，与留设煤柱载荷对关键层初次来压步距的影响规律一致，下煤层开切

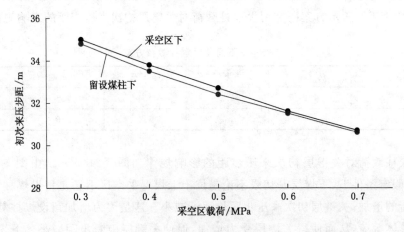

图 5-22　采空区载荷对关键层初次来压步距的影响规律

眼不论是位于上煤层采空区下还是留设煤柱下,随着采空区载荷的增加关键层初次来压步距均逐渐减小。这是因为增加采空区载荷相当于增加覆岩总体载荷,从而使得关键层受力增加,促使关键层破断步距减小。下煤层开切眼位置对关键层初次来压步距影响差异不大,但规律有所不同:开切眼位于采空区下,随着采空区载荷的增加关键层初次来压步距基本呈线性减小趋势;而开切眼位于留设煤柱下,随着采空区载荷的增加关键层初次来压步距呈减小趋势,但减小幅度略有不同。

由此可以得出覆岩载荷(留设煤柱载荷、采空区载荷)对关键层初次来压步距的影响规律,即随着留设煤柱载荷和采空区载荷的增加,关键层初次来压步距呈减小趋势。此条件下,下煤层开切眼位置对关键层初次来压步距影响差异不大。

5.2　周期来压力学分析

根据图 5-1,对于周期来压来说,可以建立关键层悬臂梁模型,其类型和初次来压相同,受非均布载荷作用,模型从右向左开采,关键层两端主要分为图 5-23 所示 4 种情况。图 5-23(a)表示下煤层开采关键层第一次周期性破断右端位于上覆条带采空区下,左端位于采空区下;图 5-23(b)表示下煤层开采关键层第一次周期性破断右端位于上覆条带采空区下,左端位于留设煤柱下;图 5-23(c)表示下煤层开采关键层第一次周期性破断右端位于上覆条带留设煤柱下,左端位于留设煤柱下;图 5-23(d)表示下煤层开采关键层第一次周期性破断右端位于上覆条带留设煤柱下,左端位于采空区下。

由此可知,上述 4 种情况下关键层周期性破断的极限跨距(周期来压步距)均为 $l'_T = l' + e'$,但 4 种条件的取值不一样。

位置一条件下,关键层的周期来压步距为:

$$l'_T = l' + e' = Na + (N-1)b + c' + e' \tag{5-34}$$

位置二条件下,关键层的周期来压步距为:

$$l'_T = l' + e' = Na + Nb + c' + e' \tag{5-35}$$

位置三条件下,关键层的周期来压步距为:

$$l'_T = l' + e' = Na + (N+1)b + c' + e' \tag{5-36}$$

位置四条件下,关键层的周期来压步距为:

$$l'_T = l' + e' = Na + Nb + c' + e' \tag{5-37}$$

在实际开采过程中,c' 值为已知数,则要计算岩梁的极限跨距,须先计算两部分距离,即 N 的值和 e' 的值。

5.2.1　N 值的计算

N 值的计算主要看关键层周期性破断的位置,存在两种情况:一种是周期性破断位置处在留设煤柱下方;另一种则是周期性破断位置处于采空区下方。

(1) 周期性破断位置处在留设煤柱下方

关键层周期性破断位置处于留设煤柱下方,关键层悬臂梁受力模型如图 5-24 所示,悬

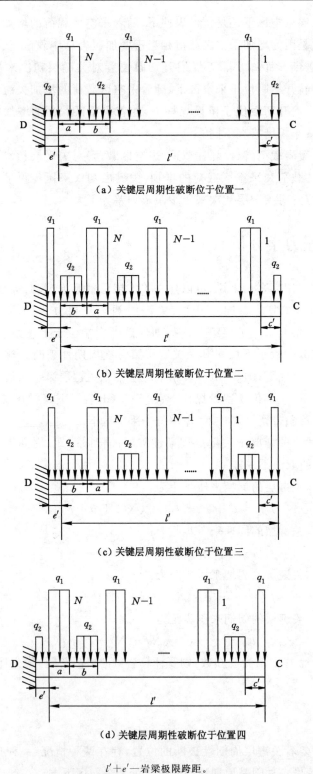

（a）关键层周期性破断位于位置一

（b）关键层周期性破断位于位置二

（c）关键层周期性破断位于位置三

（d）关键层周期性破断位于位置四

$l' + e'$—岩梁极限跨距。

图 5-23　关键层周期性破断悬臂梁受力模型

臂梁长度为 l'，受非均布载荷作用。

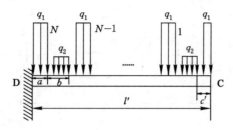

$$l' = N(a+b)+c'。$$

图 5-24　周期性破断位置处于煤柱下方悬臂梁受力模型

受力分析简图如图 5-25 所示。

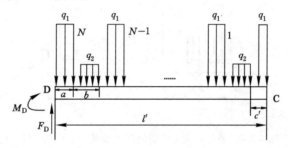

图 5-25　煤柱下关键层周期性破断受力分析简图

显然，在 D 截面处关键层所受弯矩 M_D 为最大值 M_{max}。

经计算可得：

$$M_{max} = \frac{N}{2}q_1 a [Na+(N-1)b] + q_1(l'-c'/2) + \frac{N}{2}q_2 b [(N+1)a+Nb] \quad (5\text{-}38)$$

悬臂梁端部的最大拉应力 σ_{max} 可采用式(5-14)计算，令 $\sigma_{max} \leqslant \sigma_T$（$\sigma_T$ 为关键层梁的抗拉强度），可以得出：

$$N_{max} = N \quad (5\text{-}39)$$

则可得出工作面第一次周期性破断位置在 $N \sim N+1$ 个留设煤柱之间。

（2）周期性破断位置处在采空区下方

关键层周期性破断位置处于采空区下方，关键层悬臂梁受力模型如图 5-26 所示，悬臂梁长度为 l'，受非均布载荷作用。

受力分析简图如图 5-27 所示。

显然，在 D 截面处关键层所受弯矩 M_D 为最大值 M_{max}。

经计算可得：

$$M_{max} = \frac{N}{2}q_1 a [Na+(N-1)b] + q_2(l'-c'/2) + \frac{(N-1)}{2}q_2 b [Na+(N-1)b]$$

$$(5\text{-}40)$$

悬臂梁端部的最大拉应力 σ_{max} 可采用式(5-14)计算，令 $\sigma_{max} \leqslant \sigma_T$，同样可以得出 N 的

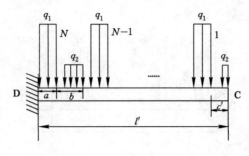

$$l' = Na + (N-1)b + c'。$$

图 5-26　周期性破断位置处于采空区下方悬臂梁受力模型

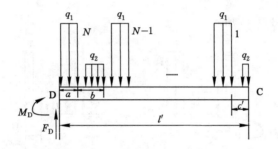

图 5-27　采空区下关键层周期性破断受力分析简图

值：$N = N_{max}$。

由此可以得出工作面第一次周期来压步距。

5.2.2　e' 值的计算

（1）位置一条件下

下煤层关键层第一次周期性破断右端位于上覆条带采空区下，左端位于采空区下，在采空区底部（$0 < x < b$）达到应力极限，受力分析简图如图 5-28 所示。

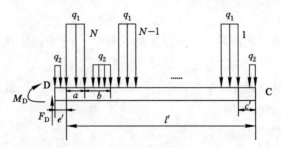

图 5-28　悬臂梁破断受力分析简图（位置一）

经计算可得：

$$M_{max} = Nq_1 a\left[\frac{Na}{2} + \frac{(N-1)b}{2} + e'\right] + q_2(l' - c'/2 + e') +$$

$$(N-1)q_2 b\left[\frac{Na}{2}+\frac{(N-1)b}{2}+e'\right]+\frac{1}{2}q_2(e')^2 \tag{5-41}$$

联立式(5-14)和式(5-41),可解得 e',如 $0<e'<b$,则取解,否则舍去。由此可求得周期来压步距 $l'_T=l'+e'$。

(2) 位置二条件下

下煤层关键层第一次周期性破断右端位于上覆条带采空区下,左端位于留设煤柱下,在留设煤柱底部($0<x<a$)达到应力极限,受力分析简图如图 5-29 所示。

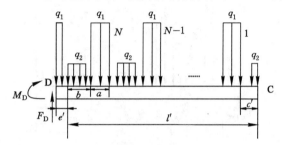

图 5-29 悬臂梁破断受力分析简图(位置二)

经计算可得:

$$M_{\max}=Nq_1 a\left[\frac{Na}{2}+\frac{(N+1)b}{2}+e'\right]+q_2(l'-c'/2+e')+$$

$$Nq_2 b\left[\frac{(N-1)a}{2}+\frac{Nb}{2}+e'\right]+\frac{1}{2}q_2(e')^2 \tag{5-42}$$

联立式(5-14)和式(5-42),可解得 e',如 $0<e'<a$,则取解,否则舍去。由此可求得周期来压步距 $l'_T=l'+e'$。

(3) 位置三条件下

下煤层关键层第一次周期性破断右端位于上覆条带留设煤柱下,左端位于留设煤柱下,在留设煤柱底部($0<x<a$)达到应力极限,受力分析简图如图 5-30 所示。

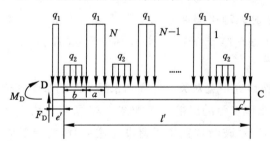

图 5-30 悬臂梁破断受力分析简图(位置三)

经计算可得:

$$M_{\max}=Nq_1 a\left[\frac{Na}{2}+\frac{(N+1)b}{2}+e'\right]+q_1(l'-c'/2+e')+$$

$$(N+1)q_2b\left[\frac{Na}{2}+\frac{(N+1)b}{2}+e'\right]+\frac{1}{2}q_2(e')^2 \tag{5-43}$$

联立式(5-14)和式(5-43)，可解得 e'，如 $0<e'<a$，则取解，否则舍去。由此可求得周期来压步距 $l'_\mathrm{T}=l'+e'$。

（4）位置四条件下

下煤层关键层第一次周期性破断右端位于上覆条带留设煤柱下，左端位于采空区下，在采空区底部（$0<x<b$）达到应力极限，受力分析简图如图 5-31 所示。

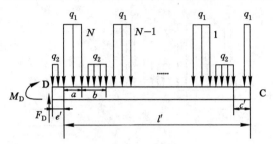

图 5-31　悬臂梁破断受力分析简图（位置四）

经计算可得：

$$M_\mathrm{max}=Nq_1a\left[\frac{Na}{2}+\frac{(N-1)b}{2}+e'\right]+q_1(l'-c'/2+e')+$$

$$Nq_2b\left[\frac{(N+1)a}{2}+\frac{Nb}{2}+e'\right]+\frac{1}{2}q_2(e')^2 \tag{5-44}$$

联立式(5-14)和式(5-44)，可解得 e'，如 $0<e'<b$，则取解，否则舍去。由此可求得周期来压步距 $l'_\mathrm{T}=l'+e'$。

5.2.3　不同参数条件下第一次周期来压步距变化规律

5.2.3.1　采宽、留宽的影响

为了研究采宽、留宽对关键层周期来压步距的影响规律，设置相关基本条件，令 q_1 为 1 MPa，q_2 为 0.5 MPa，关键层厚度为 10 m、抗拉强度为 6 MPa。

（1）留宽

采用表 5-2 所示方案研究留宽对关键层周期来压步距的影响规律。

留宽对关键层周期来压步距的影响规律如图 5-32 所示。由图 5-32 可以得出：在当前假定条件下，当关键层周期性破断位置位于留设煤柱下时，关键层周期来压步距没有发生变化，均为 17.45 m，这主要是由于留宽的增加并未改变关键层悬臂梁破断时的受力状态，即在留宽改变前关键层已经发生第一次周期性破断。而当关键层周期性破断位置位于采空区下时，关键层周期来压步距随着留宽的增加而减小直至稳定于 15.3 m。这主要是由于当留宽为 10 m 和 12 m 时，关键层的破断位置位于采空区下方，增加留宽相当于增加关键层破断前的覆岩载荷，关键层受力状态发生改变，其破断步距减小；而当留宽为 14 m、16 m、18 m 时，关键层破断位置位于留设煤柱下方，其受力状态未发生改变，则随着留宽的增加关

键层周期来压步距趋于稳定。

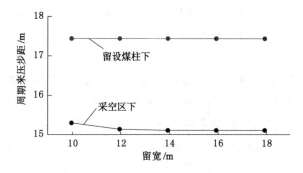

图 5-32　留宽对关键层周期来压步距的影响规律

（2）采宽

采用表 5-3 所示方案研究采宽对关键层周期来压步距的影响规律。

采宽对关键层周期来压步距的影响规律如图 5-33 所示。由图 5-33 可以得出：在当前假定条件下，当关键层周期性破断位置位于采空区下时，关键层周期来压步距没有发生变化，均为 15.3 m，这主要是由于采宽的增加并未改变关键层悬臂梁破断时的受力状态，即在采宽改变前关键层已经发生第一次周期性破断。而当关键层周期性破断位置位于留设煤柱下时，关键层周期来压步距随着采宽的增加而增大直至稳定于 18.2 m，主要是因为此时关键层的破断位置位于煤柱下方，增加采宽相当于减小关键层破断前的覆岩载荷，关键层受力状态发生改变，破断步距增大，随着采宽的继续增加，关键层破断位置位于采空区下方，破断前受力状态未发生改变，则破断步距趋于稳定。

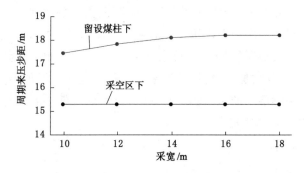

图 5-33　采宽对关键层周期来压步距的影响规律

由此可以得出留宽、采宽对关键层周期来压步距的影响：当关键层周期性破断位置位于留设煤柱下时，关键层周期来压步距随留宽的增加没有发生变化；当关键层周期性破断位置位于采空区下时，关键层周期来压步距随采宽的增加没有发生变化。当关键层周期性破断位置位于采空区下时，关键层周期来压步距随着留宽的增加而减小直至稳定；而当关键层周期性破断位置位于留设煤柱下时，关键层周期来压步距随着采宽的增加而增加直至稳定。

5.2.3.2 关键层厚度、岩性的影响

为了研究关键层厚度、岩性对关键层周期来压步距的影响规律,设置相关基本条件,令采宽为 10 m,留宽为 10 m,q_1 为 1 MPa,q_2 为 0.5 MPa。

(1) 关键层厚度

采用表 5-4 所示方案研究关键层厚度对关键层周期来压步距的影响规律。

关键层厚度对关键层周期来压步距的影响规律如图 5-34 所示。由图 5-34 可以得出:在当前假定条件下,关键层周期性破断位置不论是位于上煤层采空区下还是留设煤柱下,随着关键层厚度的增加,关键层周期来压步距均呈线性增加趋势。关键层周期性破断位置对关键层周期来压步距有影响,位于留设煤柱下方时的关键层周期来压步距略大于位于采空区下方时的。

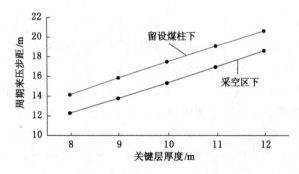

图 5-34 关键层厚度对关键层周期来压步距的影响规律

(2) 关键层岩性(抗拉强度)

采用表 5-5 所示方案研究关键层岩性(抗拉强度)对关键层周期来压步距的影响规律。

关键层抗拉强度对关键层周期来压步距的影响规律如图 5-35 所示。由图 5-35 可以得出:在当前假定条件下,关键层周期性破断位置不论是位于上煤层采空区还是留设煤柱下,随着关键层抗拉强度的增加,关键层周期来压步距均呈线性增加趋势。此条件下,关键层周期性破断位置对关键层周期来压步距有影响,位于留设煤柱下方时的关键层周期来压步距略大于位于采空区下方时的。

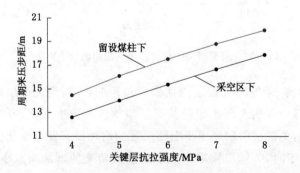

图 5-35 关键层抗拉强度对关键层周期来压步距的影响规律

由此可以得出关键层本身条件(厚度、抗拉强度)对关键层周期来压步距的影响规律,即随着关键层厚度和抗拉强度的增加,关键层周期来压步距呈线性增加趋势。在相同条件下,关键层周期性破断位置位于留设煤柱下方时的关键层周期来压步距略大于位于采空区下方时的。

5.2.3.3 覆岩载荷的影响

为了研究覆岩载荷对关键层周期来压步距的影响规律,设置相关基本条件,令采宽为10 m,留宽为10 m,关键层厚度为10 m、抗拉强度为6 MPa。

(1) 留设煤柱载荷

采用表5-6所示方案研究留设煤柱载荷对关键层周期来压步距的影响规律。

留设煤柱载荷对关键层周期来压步距的影响规律如图5-36所示。由图5-36可以得出:在当前假定条件下,关键层周期性破断位置不论是位于上煤层采空区下还是留设煤柱下,随着留设煤柱载荷的增加关键层周期来压步距均逐渐减小。关键层周期性破断位置对关键层周期来压步距的影响略有不同:关键层周期性破断位置位于留设煤柱下,随着留设煤柱载荷的增加关键层周期来压步距基本呈线性减小趋势;位于采空区下,随着留设煤柱载荷的增加关键层周期来压步距呈减小趋势,但减小幅度逐渐降低。此条件下,关键层周期性破断位置位于留设煤柱下方时的关键层周期来压步距略大于位于采空区下方时的。

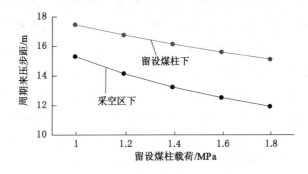

图 5-36　留设煤柱载荷对关键层周期来压步距的影响规律

(2) 采空区载荷

采用表5-7所示方案研究采空区载荷对关键层周期来压步距的影响规律。

采空区载荷对关键层周期来压步距的影响规律如图5-37所示。由图5-37可以得出:在当前假定条件下,与留设煤柱载荷影响规律一致,关键层周期性破断位置不论是位于上煤层采空区下还是留设煤柱下,随着采空区载荷的增加关键层周期来压步距均逐渐减小。此条件下,关键层周期性破断位置位于留设煤柱下方时的关键层周期来压步距大于位于采空区下方时的。

由此可以得出覆岩载荷(留设煤柱载荷、采空区载荷)对关键层周期来压步距的影响规律,即随着留设煤柱载荷和采空区载荷的增加,关键层周期来压步距呈减小趋势。此条件下,关键层周期性破断位置位于留设煤柱下方时的关键层周期来压步距大于位于采空区下方时的。

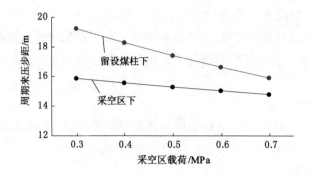

图 5-37 采空区载荷对关键层周期来压步距的影响规律

5.3 覆岩载荷确定

5.3.1 留设煤柱下覆岩载荷确定

条带开采下煤层开采过程中,两煤层层间岩体的破碎程度与裂隙发育程度对工作面压力分布有很大的影响。随着下煤层开采的进行,覆岩裂隙充分发育,下煤层关键层下方岩体逐渐垮落,成为松散岩体,而关键层上覆岩体,由于处于上煤层底板内,岩体裂隙也较为发育,则下煤层关键层大部分岩体裂隙发育充分,工作面上方的压力拱范围进一步加大,需要构建新的围岩作用模型来确定关键层上覆载荷。

由于覆岩裂隙发育充分,部分覆岩位于垮落带形成松散岩体,这种岩体松散条件下的围岩压力计算符合普氏地压理论的基本假设;而岩柱理论、应力传递理论及太沙基理论一般只适用于浅埋条件(埋深一般小于 50 m)下,用于计算深部煤层开采围岩压力误差较大。故采用普氏地压理论计算条带开采下煤层开采工作面围岩压力。

根据普氏地压理论,得到基本假设如下:

(1)工作面开采后,工作面的覆岩会发生垮落,将形成具有一定内聚力的松散岩体。

(2)松散岩体自身能够形成自然平衡拱结构,传递到工作面上方的垂直压力即自然平衡拱内松散岩体自重。

(3)自然平衡拱内的松散岩体只受压应力而不受拉应力。

采用普氏地压理论计算工作面长度方向顶板压力的模型如图 2-2 所示。为了求解自然平衡拱内覆岩压力,选择坚固性系数 f 来表征岩体强度。计算 f 值的经验公式为:

$$f = \frac{\sigma_c}{10} \tag{5-45}$$

式中　σ_c——松散岩体的单轴抗压强度,MPa。

沿工作面倾向建立支架受自然平衡拱作用的力学模型,如图 5-38 所示。$M(x,y)$ 为图中拱曲线上任意一点,对 M 点取矩,因自然平衡拱拱曲线上不存在拉应力,则可得力矩为 0,即

$$Ty - \frac{Px^2}{2} = 0 \tag{5-46}$$

式中　P——上覆岩层载荷，$P = \gamma z$；

　　　T——拱顶水平推力。

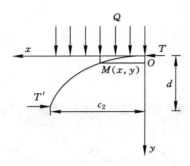

图 5-38　自然平衡拱计算力学模型

由静力平衡方程可得，拱顶与拱脚的水平推力大小相等，即 $T = T'$。在整个自然平衡拱结构中，拱脚更容易发生水平移动，因此，若上覆岩层能够保持自然平衡拱结构，要求拱脚水平推力不大于该处产生的最大摩擦力，则须满足条件为：

$$T' \leqslant Pc_2 f \tag{5-47}$$

考虑动载荷、大尺度开采空间等安全因素，取最大摩擦力的一半作为临界值，以此判断自然平衡拱的稳定性，将 $T' = Pc_2 f/2$ 代入式(5-46)可得拱曲线方程为：

$$y = \frac{x^2}{c_2 f} \tag{5-48}$$

由式(5-48)可知，拱曲线是一条抛物线。可求得自然平衡拱的最大高度，即当 $x = c_2$、$y = d$ 时，可得：

$$d = \frac{c_2}{f} \tag{5-49}$$

式中　c_2——自然平衡拱的最大跨度；

　　　d——自然平衡拱的最大高度。

c_2 的值可按下式计算：

$$c_2 = c_1 + h\tan\left(45° - \frac{\varphi}{2}\right) \tag{5-50}$$

通常情况下，工作面长度 $2c_1$ 应远大于支架高度 h，可认为 $c_2 \approx c_1$。

由式(5-49)与式(5-50)可知，下伏关键层上覆自然平衡拱高度随着工作面长度的增加而增大，工作面长度为关键层所受载荷计算中的关键因素之一。求得自然平衡拱内最大围岩压应力为：

$$p_{\max} = \frac{c_1}{f}\gamma \tag{5-51}$$

为了简化计算，同时找到最危险的位置，将最大围岩压应力作为关键层上覆载荷。因为有留设煤柱，存在应力转移，且根据假设集中应力在煤柱上方均匀分布，则 q_1 为：

$$q_1 = \frac{a+b}{a} p_{\max} + \gamma h \tag{5-52}$$

式中　γh——关键层的自重载荷。

5.3.2　采空区下覆岩载荷确定

如图 5-39 所示,根据前面假设可知采空区下载荷 q_2 为两煤层层间岩层作用于下伏关键层上的载荷,其值为层间岩层自重,可得:

$$q_2 = \rho g h_2 \tag{5-53}$$

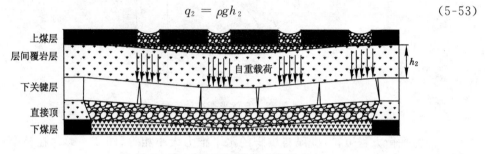

图 5-39　采空区下覆岩载荷分析模型

5.4　本 章 小 结

本章建立了条带开采下煤层开采初次来压以及周期来压力学模型,并理论推导出了初次来压和周期来压步距,设置了基本条件对关键层初次来压和周期来压步距进行规律性分析,并对上覆岩层载荷进行了简要分析,主要得到以下结论:

(1) 将初次来压和周期来压关键层梁两端破断位置分为 4 种情况:① 左端位于上覆条带采空区下,右端位于采空区下;② 左端位于上覆条带采空区下,右端位于留设煤柱下;③ 左端位于上覆煤层留设煤柱下,右端位于留设煤柱下;④ 左端位于上覆煤层留设煤柱下,右端位于采空区下。

(2) 建立了条带开采下煤层开采初次来压力学模型,并理论推导出了初次来压步距计算公式。在设定基本条件下得出:关键层初次来压步距随留宽的增加呈减小趋势,随采宽的增加呈增大趋势;随关键层厚度和抗拉强度的增加呈线性增加趋势;而随着留设煤柱载荷和采空区载荷的增加呈减小趋势。

(3) 当关键层厚度、抗拉强度变化时,下煤层开切眼位置对关键层初次来压步距影响不大。当采宽、留宽变化时,下煤层开切眼位于上煤层留设煤柱下时,对初次来压步距的影响要大于位于上煤层采空区下。当留设煤柱载荷、采空区载荷变化时,开切眼位于上煤层采空区下,关键层初次来压步距呈线性减小趋势;而开切眼位于上煤层留设煤柱下,关键层初次来压步距呈减小趋势,但减小幅度略有不同。

(4) 建立了条带开采下煤层开采周期来压力学模型,并理论推导出了周期来压步距计算公式。在设定基本条件下得出:当关键层周期性破断位置位于采空区下时,关键层周期来压步距随着留宽的增加而减小直至稳定,而当关键层周期性破断位置位于留设煤柱下时,关键层周期来压步距随着采宽的增加而增加直至稳定;随着关键层厚度和抗拉强度的增加,关键层周期来压步距呈线性增加趋势;随着留设煤柱载荷和采空区载荷的增加,关键层周期来压步距呈减小趋势。

(5) 采宽、留宽变化时,当关键层周期性破断位置位于留设煤柱下时,关键层周期来压步距随留宽的增加没有发生变化;当关键层周期性破断位置位于采空区下时,关键层周期来压步距随采宽的增加没有发生变化。关键层厚度、关键层抗拉强度、留设煤柱载荷以及采空区载荷变化时,关键层周期性破断位置位于留设煤柱下方时的关键层周期来压步距略大于位于采空区下方时的。

(6) 利用普式地压理论确定了留设煤柱下覆岩载荷,它主要和岩层本身性质、工作面长度、条带留宽以及采宽有关。

6 条带开采下工作面支架合理支护阻力研究

根据前面几章的研究分析可知,在条带工作面下进行下煤层开采时,由于下煤层关键层覆岩载荷的非均布性,关键层初次破断岩梁呈现不对称结构形态,将此不对称的关键层岩梁结构称为"非对称三铰拱"结构[287]。当下煤层基本顶关键层周期来压时,关键层上简化集中力同样难以位于岩梁中部,载荷具有不对称性。本章基于此,建立了下煤层关键层初次来压和周期来压非对称结构力学模型,主要研究条带下开采时关键层初次破断、周期性破断时的岩梁结构和顶板稳定性及控制,以确定支架合理支护阻力。

6.1 非均布载荷下初次来压关键层受力结构及支架合理支护阻力

6.1.1 关键层初次破断岩梁结构受力分析

初次来压时,关键层受上覆条带下采空区和留设煤柱的非均布力作用,其破断岩梁呈现不对称结构,破断岩梁在触矸之前会形成如图 6-1 所示非对称三铰拱结构。

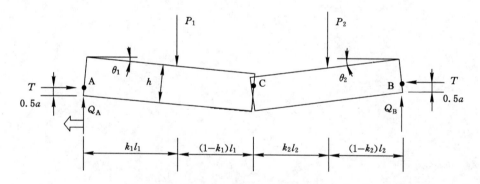

P_1,P_2—作用于关键层上的非均布载荷形成的集中力;

l_1,l_2—关键层破断岩梁 A、B 的长度;

k_1,k_2—A、B 两岩梁左端至集中力作用位置的距离与岩梁长度的比值。

图 6-1 关键层初次破断非对称结构受力分析简图

根据文献[288],关键层所受水平力 T 的作用点位于关键层岩梁端角挤压面的中部,即 $a/2$ 处,a 可根据式(6-1)计算:

$$a = \frac{1}{2}(h - l_1 \sin \theta_1) \tag{6-1}$$

式中　h——关键层厚度。

取 $\sum M_{\mathrm{B}} = 0$，$\sum M_{\mathrm{C}} = 0$，并将式（6-1）代入得：

$$Q_{\mathrm{A}} = \frac{P_1\left[(1-k_1)l_1 + l_2\right] + P_2(1-k_2)l_2}{l_1 + l_2} \tag{6-2}$$

$$T = \frac{2\left[k_1 P_1 + P_2(1-k_2)\right]l_1 l_2}{(l_1 + l_2)(h - l_1 \sin\theta_1)} \tag{6-3}$$

令 $\dfrac{l_1}{l_2} = K$，$\dfrac{h}{l_1} = i$，则 Q_{A}，T 可化简为：

$$Q_{\mathrm{A}} = \frac{P_1\left[(1-k_1)K + 1\right] + P_2(1-k_2)}{1 + K} \tag{6-4}$$

$$T = \frac{2\left[k_1 P_1 + P_2(1-k_2)\right]}{(1 + K)(i - \sin\theta_1)} \tag{6-5}$$

图 6-1 所示结构为关键层岩梁触矸前的瞬间结构，若此时工作面支架能够提供足够大的支护力来控制关键层瞬间滑落，那么关键层将不会发生滑落失稳，而随着回转角的增加发生回转失稳。

关键层不发生滑落失稳的条件为：

$$T\tan\varphi + R_1 \geqslant Q_{\mathrm{A}} \tag{6-6}$$

将式（6-4）和式（6-5）代入式（6-6）得：

$$R_1 \geqslant \frac{P_1\left[(1-k_1)K + 1\right] + P_2(1-k_2)}{1 + K} - \frac{2\left[k_1 P_1 + P_2(1-k_2)\right]}{(1 + K)(i - \sin\theta_1)}\tan\varphi \tag{6-7}$$

关键层发生回转失稳的条件为：

$$T \geqslant a\eta\sigma_{\mathrm{c}}^{*} \tag{6-8}$$

式中　$\eta\sigma_{\mathrm{c}*}$——关键层岩梁的端角挤压强度。

将式（6-5）代入式（6-8）得：

$$k_1 P_1 + P_2(1-k_2) \geqslant \frac{a}{2}\boldsymbol{\eta}\sigma_{\mathrm{c}}^{*}(1 + K)(i - \sin\theta_1) \tag{6-9}$$

6.1.2　初次来压时工作面液压支架合理支护阻力确定

由条带开采下煤层开采初次来压关键层岩梁结构可以看出，关键层岩梁在触矸前后势必发生失稳，但触矸前关键层滑落失稳对工作面液压支架的威胁最大。因此，初次来压时工作面液压支架支护阻力应该按照触矸前的岩梁结构来分析，"支架-围岩"力学模型如图 6-2 所示。

液压支架必须提供足够的支护力才能有效避免关键层岩梁结构发生滑落失稳。此时，在液压支架和顶板围岩的共同作用下才能维持关键层的稳定性，液压支架处于"给定载荷"状态，此时的作用形态即条带开采下煤层开采初次来压时的"支架-围岩"作用关系。

由图 6-2 可知，液压支架的支护阻力 P_{m0} 等于直接顶岩层的重力 W 和关键层非对称结构滑落失稳时传递至液压支架上的压力 R_{D0} 之和：

$$P_{\mathrm{m0}} = W + R_{\mathrm{D0}} \tag{6-10}$$

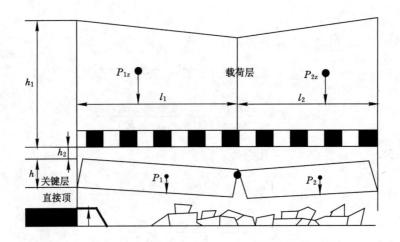

图 6-2 初次来压时"支架-围岩"力学模型

作用于支架上的直接顶岩层的重力 W 为：

$$W = l_{k} b \sum h \rho g \tag{6-11}$$

式中　　l_k——工作面控顶距；

　　　　b——液压支架宽度；

　　　　$\sum h$——直接顶厚度；

　　　　ρ——直接顶岩层的平均视密度。

关键层岩梁滑落失稳时传递至液压支架上的压力 R_{D0} 为：

$$R_{D0} = b R_1 \tag{6-12}$$

将式(6-7)代入式(6-12)并取 $\tan \varphi = 0.5$ 可得：

$$R_{D0} \geqslant b \left[\frac{P_1(1-k_1)K + P_1 + P_2(1-k_2)}{1+K} - \frac{k_1 P_1 + P_2(1-k_2)}{(1+K)(i-\sin\theta_1)} \right] \tag{6-13}$$

上述计算所得液压支架的支护阻力为液压支架能够对关键层提供的有效支护阻力。若要确定液压支架合理工作阻力，则需要考虑液压支架的安全系数，即液压支架的支护效率。则工作面液压支架合理工作阻力为：

$$P_{G0} = \frac{R_{D0}}{\mu} \tag{6-14}$$

6.1.3　关键层初次破断岩梁结构参数确定

由前面的分析可知，初次来压时工作面支架合理工作阻力不仅与上覆岩层载荷、关键层岩性以及上覆条带采宽和留宽有关，而且与关键层破断的结构形态以及上覆岩层压力的作用点有密切关系，则确定 K、k_1、k_2 的具体数值就显得尤为重要。

6.1.3.1　K 值的变化规律

和第 5 章研究关键层初次来压步距的影响因素一样，分析如下三方面因素对 K 值的影响：采宽、留宽，关键层厚度、岩性，覆岩载荷。下面依次进行分析。

(1) 采宽、留宽的影响

为了研究采宽、留宽对 K 值的影响规律,设置相关基本条件,令 q_1 为 1 MPa,q_2 为 0.5 MPa,关键层厚度为 10 m、抗拉强度为 6 MPa。

① 留宽

当采宽为 10 m,下煤层开切眼位于上煤层采空区或留设煤柱下,距离 $c=5$ m 时,采用表 5-2 所示方案研究留宽对 K 值的影响规律。

留宽对 K 值的影响规律如图 6-3 所示。由图 6-3 可以得出:在当前假定条件下,当下煤层开切眼位于上煤层采空区下时,随着留宽的增加 K 值逐渐减小。这是因为留设煤柱下覆岩载荷较大,覆岩载荷增加造成覆岩关键层较早破断,且关键层上受力主要集中在破断岩梁的右端,造成 K 值一直大于 0.5,随着留宽的增加,集中力向左偏移,则 K 值呈减小趋势。而当下煤层开切眼位于上煤层留设煤柱下时,随着留宽的增加 K 值变化较小,基本稳定在 0.45 左右,说明留宽增加对 K 值影响不大,关键层破断形态大致相同。总体来说,下煤层开切眼位于上煤层采空区下时的 K 值比位于上煤层留设煤柱下时的大。

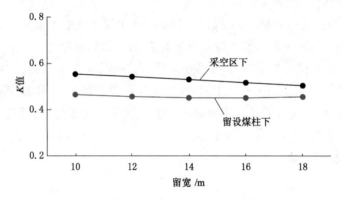

图 6-3 留宽对 K 值的影响规律

② 采宽

当留宽为 10 m,下煤层开切眼位于上煤层采空区或留设煤柱下,距离 $c=5$ m 时,采用表 5-3 所示方案研究采宽对 K 值的影响规律。

采宽对 K 值的影响规律如图 6-4 所示。由图 6-4 可以得出:在当前假定条件下,与留宽对 K 值的影响规律相反,当下煤层开切眼位于上煤层采空区下时,随着采宽的增加 K 值逐渐增大,但增加幅度相对较小。和留宽不同,采宽的增加使下伏关键层载荷降低,造成覆岩关键层延迟破断,同时关键层上载荷也主要集中于破断岩梁右端,则造成 K 值呈增加趋势并趋近 0.6。而当下煤层开切眼位于上煤层留设煤柱下时,随着采宽的增加 K 值呈先减小后增大的趋势,其值均小于 0.5。这主要是由于采宽增加关键层的破断步距也随之增加,而破断岩梁右端的集中力相对较小(采空区载荷加大),增减趋势改变位置在采宽为 14 m 处。总体来说,下煤层开切眼位于上煤层采空区下时的 K 值比位于上煤层留设煤柱下时的大。

(2) 关键层厚度、岩性的影响

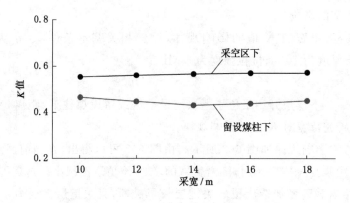

图 6-4　采宽对 K 值的影响规律

为了研究关键层厚度、岩性对 K 值的影响规律,设置相关基本条件,令采宽为 10 m,留宽为 10 m,q_1 为 1 MPa,q_2 为 0.5 MPa。

① 关键层厚度

当关键层抗拉强度为 6 MPa,下煤层开切眼位于上煤层采空区或留设煤柱下,距离 $c=$ 5 m 时,采用表 5-4 所示方案研究关键层厚度对 K 值的影响规律。

关键层厚度对 K 值的影响规律如图 6-5 所示。由图 6-5 可以得出:在当前假定条件下,下煤层开切眼位于上煤层采空区下时,随着关键层厚度的增加 K 值呈先增大后减小的趋势,K 值均大于 0.5;而当下煤层开切眼位于上煤层采空区下时,随着关键层厚度的增加 K 值呈增大趋势并趋近 0.5。总体来说,下煤层开切眼位于上煤层采空区下时的 K 值比位于上煤层留设煤柱下时的大。

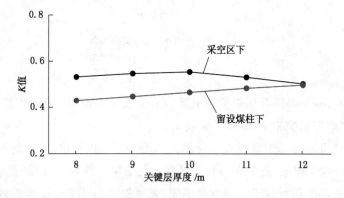

图 6-5　关键层厚度对 K 值的影响规律

② 关键层岩性(抗拉强度)

当关键层厚度为 10 m,下煤层开切眼位于上煤层采空区或留设煤柱下,距离 $c=5$ m 时,采用表 5-5 所示方案研究关键层岩性对 K 值的影响规律。

关键层抗拉强度对 K 值的影响规律如图 6-6 所示。由图 6-6 可以得出:关键层抗拉强度对 K 值的影响规律与关键层厚度对 K 值的影响规律是一致的,仅在数值上存在一定差异。

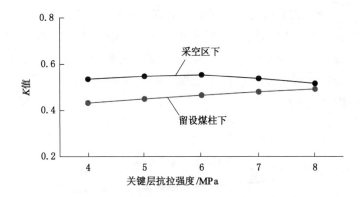

图 6-6 关键层抗拉强度对 K 值的影响规律

(3)覆岩载荷的影响

为了研究覆岩载荷对 K 值的影响规律,设置相关基本条件,令采宽为 10 m,留宽为 10 m,关键层厚度为 10 m、抗拉强度为 6 MPa。

① 留设煤柱载荷

当采空区载荷 q_2 为 0.5 MPa,下煤层开切眼位于上煤层采空区或留设煤柱下,距离 $c=5$ m 时,采用表 5-6 所示方案研究留设煤柱载荷对 K 值的影响规律。

留设煤柱载荷对 K 值的影响规律如图 6-7 所示。由图 6-7 可以得出:在当前假定条件下,当下煤层开切眼位于上煤层采空区下时,随着留设煤柱载荷的增加 K 值略呈减小趋势,但减小幅度非常小,稳定于 0.55 左右,说明留设煤柱载荷的增加对 K 值的影响不大;而当下煤层开切眼位于上煤层留设煤柱下时,随着留设煤柱载荷的增加 K 值呈减小趋势,这主要是由于留设煤柱载荷的增加促使关键层较快地发生破断,初次来压步距减小,并且破断时载荷主要集中于关键层岩梁左端。总体来说,下煤层开切眼位于上煤层采空区下时的 K 值比位于上煤层留设煤柱下时的大。

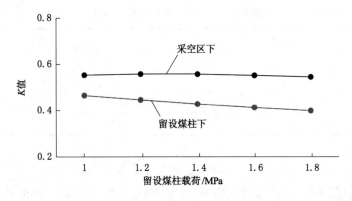

图 6-7 留设煤柱载荷对 K 值的影响规律

② 采空区载荷

当留设煤柱载荷 q_1 为 1 MPa,下煤层开切眼位于上煤层采空区或留设煤柱下,距离 $c=$

5 m 时,采用表 5-7 所示方案研究采空区载荷对 K 值的影响规律。

采空区载荷对 K 值的影响规律如图 6-8 所示。由图 6-8 可以得出:在当前假定条件下,当下煤层开切眼位于上煤层采空区下时,随着采空区载荷的增加 K 值呈线性减小趋势,其值均大于 0.5;而当下煤层开切眼位于上煤层留设煤柱下时,随着采空区载荷的增加 K 值呈线性增加趋势,其值均小于 0.5。

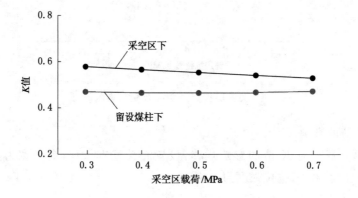

图 6-8　采空区载荷对 K 值的影响规律

6.1.3.2　k_1、k_2 值的变化规律

（1）采宽、留宽的影响

为了研究采宽、留宽对 k_1、k_2 值的影响规律,设置相关基本条件,令 q_1 为 1 MPa,q_2 为 0.5 MPa,关键层厚度为 10 m、抗拉强度为 6 MPa。

① 留宽

当采宽为 10 m,下煤层开切眼位于上煤层采空区或留设煤柱下,距离 $c=5$ m 时,获得表 6-1 所示留宽方案下的 k_1、k_2 值。

表 6-1　不同留宽方案下的 k_1、k_2 值

	留宽 10 m	留宽 12 m	留宽 14 m	留宽 16 m	留宽 18 m
k_1（采空区下）	0.423	0.469	0.528	0.586	0.578
k_2（采空区下）	0.432	0.432	0.432	0.432	0.432
k_1（煤柱下）	0.582	0.567	0.541	0.508	0.485
k_2（煤柱下）	0.531	0.531	0.531	0.532	0.531

由表 6-1 可以得出:下煤层开切眼不论是位于上煤层采空区下还是留设煤柱下,随着留宽的增加 k_2 值几乎没有改变,这主要是由于关键层破断时岩梁右端的长度几乎不变,覆岩载荷也基本不变,则 k_2 值基本未产生变化。当下煤层开切眼位于上煤层采空区下时,随着留宽的增加 k_1 值先增大后略减小,增大趋势发生改变主要是由于关键层破断位置从采空区下改变至留设煤柱下;当下煤层开切眼位于上煤层留设煤柱下时,随着留宽的增加 k_1 值呈减小趋势。

② 采宽

当留宽为 10 m，下煤层开切眼位于上煤层采空区或留设煤柱下，距离 $c=5$ m 时，获得表 6-2 所示采宽方案下的 k_1、k_2 值。

表 6-2　不同采宽方案下的 k_1、k_2 值

	采宽 10 m	采宽 12 m	采宽 14 m	采宽 16 m	采宽 18 m
k_1（采空区下）	0.423	0.426	0.436	0.455	0.485
k_2（采空区下）	0.432	0.432	0.432	0.432	0.432
k_1（煤柱下）	0.582	0.576	0.565	0.526	0.485
k_2（煤柱下）	0.531	0.551	0.572	0.576	0.576

由表 6-2 可以得出：当下煤层开切眼位于上煤层采空区下时，随着采宽的增加 k_1 值呈增大趋势，且增加幅度逐渐加大；当下煤层开切眼位于上煤层留设煤柱下时，随着采宽的增加 k_1 值呈减小趋势，且减小幅度逐渐加大。当下煤层开切眼位于上煤层采空区下时，随着采宽的增加 k_2 值没有改变，主要原因与留宽改变时的一致，即关键层破断时岩梁右端的长度不变，覆岩载荷也没有改变，则 k_2 值未发生变化；而当下煤层开切眼位于上煤层留设煤柱下时，随着采宽的增加 k_2 值逐渐增大直至稳定，主要原因是关键层破断时岩梁右端长度发生了变化，从而造成 k_2 值改变。

（2）关键层厚度、岩性的影响

为了研究关键层厚度、岩性对 k_1、k_2 值的影响规律，设置相关基本条件，令采宽为 10 m，留宽为 10 m，q_1 为 1 MPa，q_2 为 0.5 MPa。

① 关键层厚度

当关键层抗拉强度为 6 MPa，下煤层开切眼位于上煤层采空区或留设煤柱下，距离 $c=5$ m 时，获得表 6-3 所示关键层厚度方案下的 k_1、k_2 值。

表 6-3　不同关键层厚度方案下的 k_1、k_2 值

	厚度 8 m	厚度 9 m	厚度 10 m	厚度 11 m	厚度 12 m
k_1（采空区下）	0.563	0.467	0.423	0.436	0.488
k_2（采空区下）	0.423	0.427	0.432	0.465	0.491
k_1（煤柱下）	0.531	0.566	0.582	0.567	0.510
k_2（煤柱下）	0.580	0.552	0.531	0.515	0.503

由表 6-3 可以得出：当下煤层开切眼位于上煤层采空区下时，随着关键层厚度的增加 k_1 值呈先减小后增大的趋势，趋势改变发生在关键层厚度为 11 m 时，主要原因在于当关键层厚度从 10 m 变化到 11 m 时，关键层左端破断位置从留设煤柱下改变至采空区下；当下煤层开切眼位于上煤层留设煤柱下时，随着关键层厚度的增加 k_1 值亦呈先增大后减小的趋

势,趋势改变原因与位于采空区下时的一致。当下煤层开切眼位于上煤层采空区下时,随着关键层厚度的增加 k_2 值逐渐增大;而当下煤层开切眼位于上煤层留设煤柱下时,随着关键层厚度的增加 k_2 值逐渐减小,且减小幅度逐渐变小。

② 关键层岩性(抗拉强度)

当关键层厚度为 10 m,下煤层开切眼位于上煤层采空区或留设煤柱下,距离 $c=5$ m 时,获得表 6-4 所示关键层抗拉强度方案下的 k_1、k_2 值。

表 6-4 不同关键层抗拉强度方案下的 k_1、k_2 值

	抗拉强度 4 MPa	抗拉强度 5 MPa	抗拉强度 6 MPa	抗拉强度 7 MPa	抗拉强度 8 MPa
k_1(采空区下)	0.539	0.459	0.423	0.424	0.493
k_2(采空区下)	0.424	0.428	0.432	0.459	0.465
k_1(煤柱下)	0.538	0.569	0.582	0.583	0.531
k_2(煤柱下)	0.575	0.549	0.531	0.518	0.508

由表 6-4 可以得出:当下煤层开切眼位于上煤层采空区下时,随着关键层抗拉强度的增加 k_1 值呈先减小后增大的趋势,趋势改变发生在关键层抗拉强度为 7 MPa 时;而当下煤层开切眼位于上煤层留设煤柱下时,随着关键层抗拉强度的增加 k_1 值呈先增大后减小的趋势。当下煤层开切眼位于上煤层采空区下时,随着关键层抗拉强度的增加 k_2 值逐渐增大;而当下煤层开切眼位于上煤层留设煤柱下时,随着关键层厚度的增加 k_2 值逐渐减小,且减小幅度逐渐变小。关键层抗拉强度对 k_1、k_2 值的影响规律与关键层厚度对 k_1、k_2 值的影响规律一致。

(3)覆岩载荷的影响

为了研究覆岩载荷对 k_1、k_2 值的影响规律,设置相关基本条件,令采宽为 10 m,留宽为 10 m,关键层厚度为 10 m、抗拉强度为 6 MPa。

① 留设煤柱载荷

当采空区载荷 q_2 为 0.5 MPa,下煤层开切眼位于上煤层采空区或留设煤柱下,距离 $c=5$ m 时,获得表 6-5 所示留设煤柱载荷方案下的 k_1、k_2 值。

表 6-5 不同留设煤柱载荷方案下的 k_1、k_2 值

	煤柱载荷 1 MPa	煤柱载荷 1.2 MPa	煤柱载荷 1.4 MPa	煤柱载荷 1.6 MPa	煤柱载荷 1.8 MPa
k_1(采空区下)	0.423	0.439	0.476	0.544	0.650
k_2(采空区下)	0.432	0.413	0.397	0.382	0.372
k_1(煤柱下)	0.582	0.591	0.585	0.572	0.552
k_2(煤柱下)	0.531	0.550	0.569	0.586	0.604

由表 6-5 可以得出:当下煤层开切眼位于上煤层采空区下时,随着留设煤柱载荷的增

加 k_1 值呈增大趋势,且增大幅度逐渐加大;当下煤层开切眼位于上煤层留设煤柱下时,随着留设煤柱载荷的增加 k_1 值呈先增大后减小的趋势。当下煤层开切眼位于上煤层采空区下时,随着留设煤柱载荷的增加 k_2 值逐渐减小,且减小幅度逐渐变小;而当下煤层开切眼位于上煤层留设煤柱下时,随着留设煤柱载荷的增加 k_2 值逐渐增大,且呈线性增加。

② 采空区载荷

当留设煤柱载荷 q_1 为 1 MPa,下煤层开切眼位于上煤层采空区或留设煤柱下,距离 $c=5$ m 时,获得表 6-6 所示采空区载荷方案下的 k_1、k_2 值。

表 6-6 不同采空区载荷方案下的 k_1、k_2 值

	采空区载荷 0.3 MPa	采空区载荷 0.4 MPa	采空区载荷 0.5 MPa	采空区载荷 0.6 MPa	采空区载荷 0.7 MPa
k_1(采空区下)	0.373	0.399	0.423	0.446	0.464
k_2(采空区下)	0.397	0.415	0.432	0.448	0.462
k_1(煤柱下)	0.645	0.611	0.582	0.560	0.540
k_2(煤柱下)	0.526	0.530	0.531	0.530	0.527

由表 6-6 可以得出:当下煤层开切眼位于上煤层采空区下时,随着采空区载荷的增加 k_1 值呈增大趋势;当下煤层开切眼位于上煤层留设煤柱下时,随着采空区载荷的增加 k_1 值呈减小趋势,且减小幅度逐渐变小。当下煤层开切眼位于上煤层采空区下时,随着采空区载荷的增加 k_2 值逐渐增大,且呈线性增加;而当下煤层开切眼位于上煤层留设煤柱下时,随着采空区载荷的增加 k_2 值先增大后减小。

6.2 非均布载荷下周期来压关键层受力结构及支架合理支护阻力

6.2.1 关键层周期性破断岩梁结构受力分析

根据前面的研究,条带开采下煤层工作面关键层上覆载荷呈不均匀分布,造成周期来压步距具有不确定性,给周期来压期间工作面支护阻力的确定带来了一定的难度。与均布载荷条件下一致,关键层周期性破断形成岩梁结构是关键层周期性结构的基本特征。分析关键层周期性破断岩梁结构可知,决定该结构稳定性的岩梁有两块,如图 6-9 所示的岩梁 Ⅰ 和 Ⅱ,岩梁 Ⅰ 和 Ⅱ 挤压于 C 处,形成铰接结构,假定岩梁 Ⅰ、Ⅱ 均略有角度处于近水平状态,岩梁 Ⅰ 回转角大于岩梁 Ⅱ 回转角。按照关键层理论有关结构关键块分析方法,建立关键层周期性破断岩梁力学模型,如图 6-9 所示。

由于岩梁 Ⅱ 回转角 θ_2 很小,在计算岩梁 Ⅱ 受集中力 P_{02} 时忽略 $\cos \theta_2$ 项。岩梁 Ⅰ 下沉量 W_1 与煤层上覆直接顶厚度 $\sum h$、采高 m 以及直接顶岩石碎胀系数 K_p 的关系为:

$$W_1 = m - (K_p - 1) \sum h \qquad (6\text{-}15)$$

根据关键层岩梁回转变形的接触关系,可得周期来压时岩梁端面挤压面的高度为:

$$a_1 = \frac{1}{2}(h - l_{02} \sin \theta_2) \tag{6-16}$$

图 6-9 中岩梁所受水平力 T 的作用点可取 $0.5a_1$ 处。

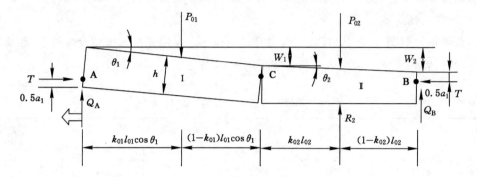

P_{01},P_{02}—岩梁所受集中力;k_{01},k_{02}—Ⅰ、Ⅱ两岩梁左端至集中力作用位置的距离与岩梁长度的比值;
R_2—岩梁Ⅱ支承反力;θ_1,θ_2—岩梁Ⅰ、Ⅱ回转角;l_{01},l_{02}—岩梁Ⅰ、Ⅱ的长度。

图 6-9　关键层周期性破断岩梁力学模型

k_{01}、k_{02} 的计算可参考关键层初次破断时 k_1、k_2 的计算方法,本书不再赘述。

对周期来压时关键层破断结构进行受力分析,在图 6-9 中对 A 点取矩,由 $\sum M_A = 0$ 可得:

$$Q_B(l_{01}\cos \theta_1 + h\sin \theta_1 + l_{02}) - P_{01}(k_{01}l_{01}\cos \theta_1 + h\sin \theta_1) + T(h - a - W_2) -$$
$$[P_{02} - R_2](l_{01}\cos \theta_1 + h\sin \theta_1 - 0.5a\tan \theta_1 + k_{02}l_{02}) = 0 \tag{6-17}$$

根据文献[288],$R_2 = 1.03P_{02}$,所以式(6-17)可以化简为:

$$Q_B(l_{01}\cos \theta_1 + h\sin \theta_1 + l_{02}) - P_{01}(k_{01}l_{01}\cos \theta_1 + h\sin \theta_1) + T(h - a - W_2) = 0 \tag{6-18}$$

同理对岩梁Ⅱ取 $\sum M_C = 0$,再取 $\sum Y = 0$,可得:

$$Q_B = T\tan \theta_2 \tag{6-19}$$

$$Q_A + Q_B = P_{01} \tag{6-20}$$

由几何关系可知 $W_1 = l_{01}\sin \theta_1$,$W_2 = l_{01}\sin \theta_1 + l_{02}\sin \theta_2$。根据文献[287]可知,$\theta_2 \approx \frac{1}{4}\theta_1$,则有 $\sin \theta_2 \approx \frac{1}{4}\sin \theta_1$,令 $i = \frac{h}{l_{01}}$ 表示关键层岩块的块度,由式(6-18)至式(6-20)可得:

$$T = \frac{4i\sin \theta_1 + 4k_{01}\cos \theta_1}{i(2 + \sin^2\theta_1) + \sin \theta_1(\cos \theta_1 - 2)}P_{01} \tag{6-21}$$

又因为 $\sin^2\theta_1 \approx 0$,则式(6-21)变为:

$$T = \frac{4i\sin \theta_1 + 4k_{01}\cos \theta_1}{2i + \sin \theta_1(\cos \theta_1 - 2)}P_{01} \tag{6-22}$$

$$Q_A = \frac{2i - i\sin^2\theta_1 + (1 - k_{01})\sin \theta_1 - 2\sin \theta_1}{2i + \sin \theta_1(\cos \theta_1 - 2)}P_{01} \tag{6-23}$$

因为 $\sin^2 \theta_1 \approx 0$，则式(6-23)变为：

$$Q_A = \frac{2i - (1 + k_{01})\sin \theta_1}{2i + \sin \theta_1(\cos \theta_1 - 2)} P_{01} \tag{6-24}$$

6.2.2 周期来压时工作面液压支架合理支护阻力确定

根据条带下煤层开采关键层岩梁周期来压结构力学模型可知，关键层岩梁结构靠围岩自身难以维持稳定从而产生失稳，和初次来压类似，工作面岩梁滑落失稳时来压最为强烈。因此，条带开采下煤层开采周期来压控制的根本任务是防止关键层岩梁发生滑落失稳。

液压支架需对关键层岩梁结构提供足够大的支护力以避免其产生滑落失稳，支护力条件为：

$$T\tan \varphi + R = Q_A \tag{6-25}$$

将式(6-22)式(6-24)代入式(6-25)，取 $\tan \varphi = 0.5$ 可得：

$$R \geqslant \frac{2i(1 - \sin \theta_1) - (1 + k_{01})\sin \theta_1 - 2k_{01}\cos \theta_1}{2i + \sin \theta_1(\cos \theta_1 - 2)} P_{01} \tag{6-26}$$

关键层岩梁回转角 θ_1 由式(6-27)确定：

$$\sin \theta_1 = \frac{m - (K_p - 1)\sum h}{l} \tag{6-27}$$

关键层滑落失稳时最危险，只有在液压支架和顶板围岩自身结构共同作用下才能维持关键层的稳定，和初次来压时相同，此时液压支架处于"给定载荷"状态，关键层上覆载荷和岩梁所处位置密切相关，此时的作用形态即条带开采下煤层开采周期来压时的"支架-围岩"作用关系。

关键层破断前，岩梁处于悬臂梁结构状态，关键层周期来压时岩梁滑落失稳状态如图 6-10 所示，液压支架提供的支护阻力 P_m 等于直接顶岩层的重力 W 和关键层岩梁结构滑落失稳时传递至液压支架上的压力 R_D 之和：

$$P_m = W + R_D \tag{6-28}$$

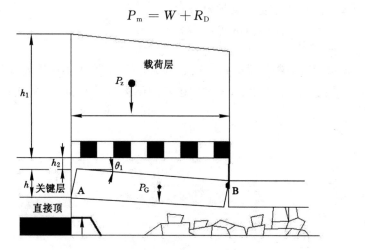

图 6-10　周期来压时"支架-围岩"力学模型

关键层岩梁滑落失稳时传递至液压支架上的压力 R_D 为：

$$R_D = bR$$

将式(6-26)代入上式可得：

$$R_D \geqslant \frac{2i(1 - \sin\theta_1) - (1 + k_{01})\sin\theta_1 - 2k_{01}\cos\theta_1}{2i + \sin\theta_1(\cos\theta_1 - 2)} bP_{01} \qquad (6-29)$$

上述计算所得周期来压时液压支架的支护阻力为液压支架能够对关键层提供的有效支护阻力。若要确定液压支架合理工作阻力，则需要考虑液压支架的安全系数，即液压支架的支护效率。则周期来压时工作面液压支架合理工作阻力为：

$$P_G = \frac{R_D}{\mu} \qquad (6-30)$$

6.3 本章小结

本章通过建立"支架-围岩"关系力学模型，获得了条带开采下工作面初次来压和周期来压时的支架合理支护阻力，主要结论如下：

(1) 建立了条带开采下煤层开采关键层初次来压时的"支架-围岩"关系力学模型，通过分析认为控制关键层非对称结构触矸前滑落失稳所需的支架支护阻力最大，得到了控制初次来压时关键层滑落失稳的支架合理支护阻力。

(2) 建立了条带开采下煤层开采关键层周期性破断时的"支架-围岩"关系力学模型，通过分析认为控制关键层周期性破断触矸前滑落失稳所需的支架支护阻力最大，得到了控制周期来压时关键层滑落失稳的支架合理支护阻力。

(3) 关键层初次来压时支架合理支护阻力为：

$$R_{D0} \geqslant b\left[\frac{P_1(1 - k_1)K + P_1 + P_2(1 - k_2)}{1 + K} - \frac{k_1 P_1 + P_2(1 - k_2)}{(1 + K)(i - \sin\theta_1)}\right]$$

关键层周期来压时支架合理支护阻力为：

$$R_D \geqslant \frac{2i(1 - \sin\theta_1) - (1 + k_{01})\sin\theta_1 - 2k_{01}\cos\theta_1}{2i + \sin\theta_1(\cos\theta_1 - 2)} bP_{01}$$

(4) 对关键层初次破断岩梁结构参数进行了分析，研究了不同覆岩载荷、关键层厚度和岩性、上覆条带采宽和留宽条件下，关键层破断的结构参数 K、k_1、k_2 的变化规律。

7 工程应用

7.1 地表变形实测

7.1.1 研究区域概况

研究区域位于霍州市东南,采区上部被村庄和农用土地压覆,地面地势较为起伏,交通方便。由于矿井开采范围内人口稠密,地面村庄、建(构)筑物密集,压煤量大,搬迁费用高,经技术和经济分析采用条带开采较为合理。2 号煤层厚度稳定,局部受河道砂岩的冲刷形成东北向的厚度变薄带,西部因风化剥蚀厚度变薄。2 号煤层厚度平均为 3.2 m,埋深平均为 565 m。压煤面积约 698 800 m²,地质储量约 313 万 t,除去断层和上山煤柱,剩余地质储量约 267.8 万 t,条带开采参数大多为采宽 50 m,留宽 70 m,采区工作面布置如图 7-1 所示。

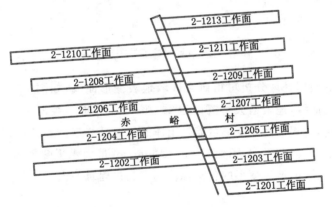

图 7-1　采区工作面布置

研究区域地面主要有村庄和农用土地。该村庄现存房屋小部分为 20 世纪 70 年代建造的,大部分为 20 世纪 80—90 年代翻建的,后期翻建的房屋多数为两层楼房结构,结合 2 号煤层条带开采实践和我国其他矿区的村庄下采煤的实践,保证房屋不破坏的采区条带开采设计的地表变形指标为:水平变形 4.0 mm/m,倾斜 6.0 mm/m,曲率 0.4×10⁻³/m。

7.1.2 研究区域条带开采地表变形观测

为了更好地研究深部条带开采地表变形特点,根据实际地形情况,在研究区域的 5 个工作面的地表沿倾向布设两条观测线,每条观测线布设监测点 45 个,每条观测线长 1 200 m,

工作面上方的地表监测点每隔 20 m 一个，工作面以外的地表监测点每隔 40 m 一个，监测点布置见图 7-2。

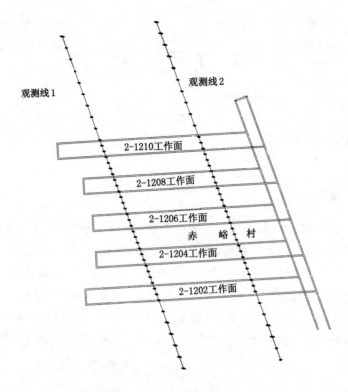

图 7-2　采区地表变形监测点布置

对观测线 1、2 数据处理分析可得研究区域地表变形曲线，如图 7-3 所示。图7-3(a)为研究区域地表下沉曲线，地表最大下沉量为 441 mm，工作面上覆厚硬岩层起托板作用，控制了变形向上传递，地表的微小变形可能是土体的压缩及岩层的弯曲引起的。从图 7-3(b)至图 7-3(d)可以看出，地表的最大倾斜为 3.12 mm/m、最大水平变形为 1.61 mm/m、最大曲率为 0.283×10^{-3}/m，地表变形的各指标值均未超过建筑物损坏标准。

7.2　支架合理支护阻力确定

为了验证第 6 章支架支护阻力计算的正确性，采用文献[289-290]中的地质条件和支架选型来确定支架的合理支护阻力。

由文献中地质条件可知，石圪台煤矿 2-2 煤采用房式开采，煤房宽度和房间煤柱宽度约为 6 m，煤厚平均为 4.7 m。下伏 34.7 m 处赋存 3-1 煤，该煤层厚度约为 4.1 m，倾角为 1°～3°，为近水平煤层；工作面倾斜长度为 311 m，走向长度为 1 865 m；直接顶为泥质砂岩，厚度为 5.2 m；基本顶（关键层）为中粒砂岩，厚度为 16 m；工作面液压支架型号为 Z18000/25/45D，共 156 架。煤岩层岩性及厚度如表 7-1 所示。

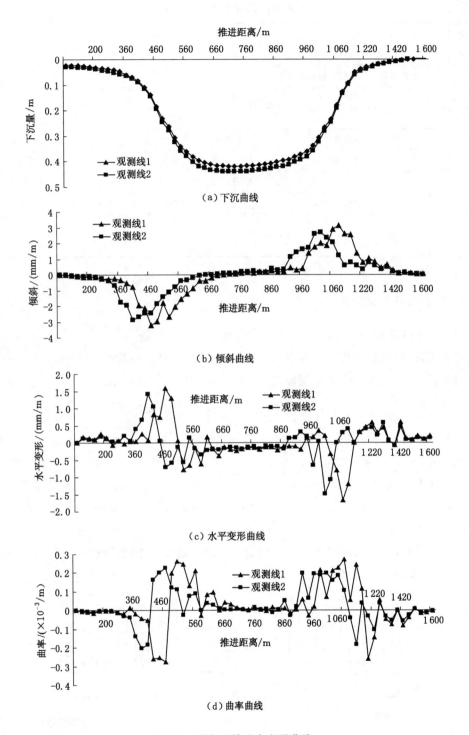

图 7-3 研究区域地表变形曲线

表 7-1 煤岩层岩性及厚度

序号	岩石名称	厚度/m	累计厚度/m
1	流沙	5.1	5.1
2	中粒砂岩、细粒砂岩、粉砂岩及煤层	64.0	69.1
3	粉砂岩	7.6	76.7
4	中粒砂岩	5.5	82.2
5	细粒砂岩	12.6	94.8
6	2-2 煤	4.86	99.66
7	粉砂岩	13.5	113.16
8	中粒砂岩	16.0	129.16
9	砂质泥岩	5.2	134.36
10	3-1 煤	4.18	138.54

7.2.1 初次来压步距的计算

（1）计算载荷 q_1、q_2 的值

由地质条件可知，下伏 3-1 煤层工作面倾斜长度为 311 m，煤房 $a=6$ m，煤柱 $b=6$ m，令基岩重度 $\gamma=22$ kN/m³，关键层厚度为 16 m，由式（5-52）可得载荷 q_1 为：

$$q_1 = \frac{a+b}{a}p_{\max} + \gamma h = 1.896（\text{MPa}）$$

由表 7-1 可知，3-1 煤上覆关键层为 16 m 厚的中粒砂岩，关键层和上覆 2-2 煤之间有一层厚度为 13.5 m 的粉砂岩。则根据 5.3.2 小节确定载荷 q_2 为 13.5 m 厚的粉砂岩和 16 m 厚的中粒砂岩自重载荷之和，令基岩重度 $\gamma=22$ kN/m³，由式（5-53）可得载荷 q_2 为：

$$q_2 = 22 \times 10^3 \text{ N/m}^3 \times (13.5 \text{ m} + 16 \text{ m}) = 0.649 \times 10^6 \text{ N/m}^2 = 0.649 \text{ MPa}$$

（2）计算 N 的值

令关键层抗拉强度为 5 MPa，且工作面开采时开切眼位于留设煤柱之下，则建立图 7-4 所示关键层初次破断前力学模型。

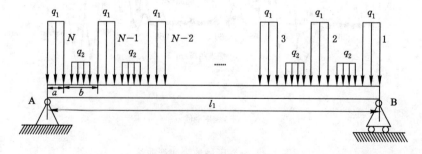

图 7-4 关键层初次破断前力学模型

根据式（5-6）和图 5-7 可得，当 N 取 3、4 时关键层所受最大拉应力分别为 2.87 MPa 和

5.49 MPa,此时关键层抗拉强度介于两者之间,则可以得到 $N=3$,所以初次来压步距介于 30～42 m。

（3）计算 e 的值

因为当 $N=4$ 时关键层所受拉应力较为接近关键层抗拉强度,假定关键层破断位置位于第 4 个煤柱下方,建立图 7-5 所示关键层初次破断时力学模型,以计算 e 的值。

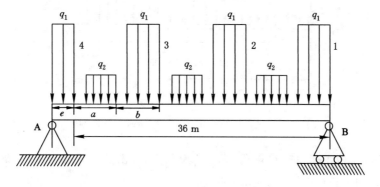

图 7-5　关键层初次破断时力学模型

联立式(5-14)、式(5-26)和式(5-27)可得 e 值为 4.1 m,由此可求得初次来压步距 $l_T=36\ m+4.1\ m=40.1\ m$。

7.2.2　周期来压步距的计算

（1）第一次周期来压

① 计算 N 的值

因为初次来压位置处在煤柱下方,则采用图 7-6 所示力学模型分析第一次周期来压时 N 的值。

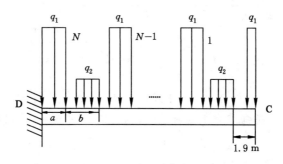

图 7-6　关键层第一次周期性破断前力学模型

根据式(5-38)可得,当 N 取 1、2 时关键层所受最大拉应力分别为 2.31 MPa 和 8.17 MPa,此时关键层抗拉强度介于两者之间,则可以得到 $N=1$,所以第一次周期来压步距介于 13.9～25.9 m。

② 计算 e' 的值

假定关键层破断位置位于第 2 个煤柱下方,建立图 7-7 所示关键层第一次周期性破断时力学模型,以计算 e' 的值。

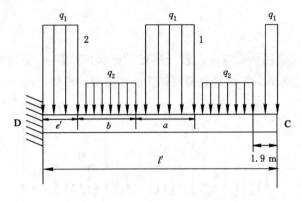

图 7-7　关键层第一次周期性破断时力学模型

联立式(5-14)和式(5-43)可解得 e' 的值为 0.5 m,由此可求得第一次周期来压步距 $l'_T = l' + e' = 13.9\ m + 6.0\ m + 0.5\ m = 20.4\ m$。

(2) 第二次周期来压

① 计算 N 的值

因为第一次周期来压位置处在煤柱下方,则采用图 7-8 所示力学模型分析第二次周期来压时 N 的值。

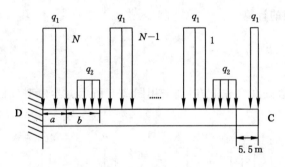

图 7-8　关键层第二次周期性破断前力学模型

根据式(5-38)可得,当 N 取 1、2 时关键层所受最大拉应力分别为 4.52 MPa 和 7.29 MPa,此时关键层抗拉强度介于两者之间,则可以得到 $N = 1$,所以第二次周期来压步距介于 17.5～29.5 m。

② 计算 e' 的值

因为当 $N = 1$ 时关键层所受拉应力较为接近关键层抗拉强度,假定关键层破断位置位于第 2 个采空区下方,建立图 7-9 所示关键层第二次周期性破断时力学模型,以计算 e' 的值。

联立式(5-14)和式(5-44)可得 e' 的值为 1.4 m,由此可求得第二次周期来压步距 $l'_T = l' + e' = 17.5\ m + 1.4\ m = 18.9\ m$。

(3) 第三次周期来压

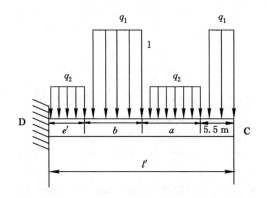

图 7-9　关键层第二次周期性破断时力学模型

① 计算 N 的值

因为第二次周期来压位置处在采空区下方,则采用图 7-10 所示力学模型分析第三次周期来压时 N 的值。

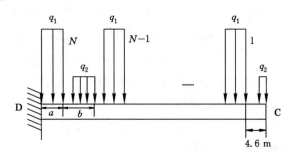

图 7-10　关键层第三次周期性破断前力学模型

根据式(5-38)可得,当 N 取 1、2 时关键层所受最大拉应力分别为 1.21 MPa 和 6.02 MPa,此时关键层抗拉强度介于两者之间,则可以得到 $N=1$,所以第三次周期来压步距介于 10.6~22.6 m。

② 计算 e' 的值

因为当 $N=2$ 时关键层所受拉应力较为接近关键层抗拉强度,假定关键层破断位置位于第 2 个煤柱下方,建立图 7-11 所示关键层第三次周期性破断时力学模型,以计算 e' 的值。

联立式(5-14)和式(5-42)可得 e' 的值为 4.2 m,由此可求得第三次周期来压步距 $l'_T = l' + e' = 10.6\ \text{m} + 6.0\ \text{m} + 4.2\ \text{m} = 20.8\ \text{m}$。

7.2.3　支架合理支护阻力计算

基本顶(关键层)厚度 $h=16$ m,基岩重度 $\gamma=22$ kN/m³,抗拉强度 $\sigma_T=5$ MPa,煤房 $a=6$ m,煤柱 $b=6$ m,q_1 为 1.896 MPa,q_2 为 0.649 MPa,支架宽度 $b=2$ m,支架额定工作阻力为 18 000 kN,支架支护效率 $\mu=0.95$,控顶距 $l_k=4.8$ m,直接顶厚度 $\sum h=5.2$ m。

(1)初次来压时支架支护阻力计算

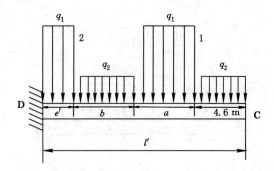

图 7-11　关键层第三次周期性破断时力学模型

由前面计算可得初次来压步距为 40.1 m；靠工作面一侧的岩块长度 $l_1 = 20.73$ m，靠开切眼一侧的岩块长度 $l_2 = 19.37$ m。根据公式 $K = \dfrac{l_1}{l_2}$，可求得 $K = 1.07$。岩块块度 $i = \dfrac{h}{l_1} = 0.772$。通过计算可以得到 k_1、k_2、P_1、P_2 的值：

$$k_1 = 0.467, k_2 = 0.516, P_1 = 21\ 972\ (\text{kN}), P_2 = 22\ 691\ (\text{kN})$$

根据实际[290]，一般情况下岩梁初始回转角可达 3°，由式(6-13)可得支架有效支护阻力为：

$$R_{D0} \geqslant 16\ 503\ (\text{kN})$$

由式(6-14)求得初次来压期间支架合理工作阻力为：

$$P_{G0} \geqslant 17\ 372\ (\text{kN})$$

(2) 周期来压时支架支护阻力计算

① 第一次周期来压

由前面计算可得第一次周期来压步距 $l'_T = 20.4$ m，岩块块度 $i = \dfrac{h}{l_T} = 0.784$。通过计算可以得到 k_{01}、P_{01} 的值：

$$k_{01} = 0.517, P_{01} = 20\ 324\ (\text{kN})$$

由式(6-29)和式(6-30)可求得第一次周期来压期间支架有效支护阻力和合理工作阻力为：

$$R_{D1} \geqslant 11\ 136\ (\text{kN})$$
$$P_{G1} \geqslant 11\ 722\ (\text{kN})$$

② 第二次周期来压

由前面计算可得第二次周期来压步距 $l'_T = 18.9$ m，岩块块度 $i = \dfrac{h}{l_T} = 0.847$。通过计算可以得到 k_{01}、P_{01} 的值：

$$k_{01} = 0.513, P_{01} = 21\ 964\ (\text{kN})$$

由式(6-29)和式(6-30)可求得第二次周期来压期间支架有效支护阻力和合理工作阻力为：

$$R_{D2} \geqslant 14\ 489\ (\text{kN})$$

$$P_{G2} \geqslant 15\ 252\ (kN)$$

③ 第三次周期来压

由前面计算可得第三次周期来压步距 $l'_T = 20.8$ m，岩块块度 $i = \dfrac{h}{l'_T} = 0.769$。通过计算可以得到 k_{01}、P_{01} 的值。

$$k_{01} = 0.467, P_{01} = 22\ 101\ (kN)$$

由式(6-29)和式(6-30)可求得第三次周期来压期间支架有效支护阻力和合理工作阻力为：

$$R_{D3} \geqslant 14\ 446\ (kN)$$

$$P_{G3} \geqslant 15\ 206\ (kN)$$

综上所述，工作面在开采过程中支架所需最大工作阻力为 17 372 kN，工作面选用的 Z18000/25/45D 型液压支架可满足支护要求。

7.3 本章小结

(1) 本章通过实测分析了研究区域条带开采下地表变形情况，实测结果表明，地表最大下沉量为 441 mm、最大倾斜为 3.12 mm/m、最大水平变形为 1.61 mm/m^2、最大曲率为 0.283×10^{-3}/m，地表变形的各指标值均未超过建筑物损坏标准。

(2) 根据具体地质条件确定了初次来压以及周期来压步距，在此基础上进一步确定了液压支架的合理支护阻力，从而验证了第 6 章有关液压支架支护阻力计算的正确性。

参 考 文 献

[1] 中华人民共和国国土资源部. 2014 中国矿产资源报告[M]. 北京:地质出版社,2014.

[2] 常庆粮. 膏体充填控制覆岩变形与地表沉陷的理论研究与实践[D]. 徐州:中国矿业大学,2009.

[3] 陈元非. 充填条带开采岩层移动规律及地表沉陷预测方法[D]. 徐州:中国矿业大学,2018.

[4] 张华兴. 条带开采技术的新进展[C]//姚建国,邹正立,耿德庸. 地下开采现代技术理论与实践. 北京:煤炭工业出版社,2002.

[5] 郭文兵,邓喀中,邹友峰. 条带开采的非线性理论研究及应用[M]. 徐州:中国矿业大学出版社,2005.

[6] 胡炳南,袁亮. 条带开采沉陷主控因素分析及设计对策[J]. 煤矿开采,2000(4):24-27.

[7] 胡炳南. 条带开采中煤柱稳定性分析[J]. 煤炭学报,1995,20(2):205-210.

[8] 于洋,邓喀中,范洪冬. 条带开采煤柱长期稳定性评价及煤柱设计方法[J]. 煤炭学报,2017,42(12):3089-3095.

[9] 康怀宇,刘文生,苏仲杰. 条带法开采控制地表沉陷采留合理宽度的探讨[J]. 煤炭科学技术,1995,23(7):48-50.

[10] 胡炳南. 我国煤矿充填开采技术及其发展趋势[J]. 煤炭科学技术,2012,40(11):1-5.

[11] 张吉雄,张强,巨峰,等. 深部煤炭资源采选充绿色化开采理论与技术[J]. 煤炭学报,2018,43(2):377-389.

[12] 许家林,朱卫兵,李兴尚,等. 控制煤矿开采沉陷的部分充填开采技术研究[J]. 采矿与安全工程学报,2006,23(1):6-11.

[13] 查剑锋. 矸石充填开采沉陷控制基础问题研究[D]. 徐州:中国矿业大学,2008.

[14] ZHANG X G,LIN J,LIU J X,et al. Investigation of hydraulic-mechanical properties of paste backfill containing coal gangue-fly ash and its application in an underground coal mine[J]. Energies,2017,10(9):1309.

[15] LI M,ZHANG J X,HUANG Y L,et al. Effects of particle size of crushed gangue backfill materials on surface subsidence and its application under buildings[J]. Environmental earth sciences,2017,76(17):1-12.

[16] 郭广礼,缪协兴,查剑锋,等. 长壁工作面矸石充填开采沉陷控制效果的初步分析[J]. 中国科技论文在线,2008,3(11):805-809.

[17] 刘建功,李新旺,何团. 我国煤矿充填开采应用现状与发展[J]. 煤炭学报,2020,45(1):

141-150.

[18] 缪协兴.综合机械化固体充填采煤矿压控制原理与支架受力分析[J].中国矿业大学学报,2010,39(6):795-801.

[19] 邹徐文.宽条带跳采全采注充岩层控制机理与地表变形预测研究[D].阜新:辽宁工程技术大学,2009.

[20] 郭惟嘉,王海龙,刘增平.深井宽条带开采煤柱稳定性及地表移动特征研究[J].采矿与安全工程学报,2015,32(3):369-375.

[21] 康红普,徐刚,王彪谋,等.我国煤炭开采与岩层控制技术发展40 a 及展望[J].采矿与岩层控制工程学报,2019,1(1):1-33.

[22] 宋宏.我国条带开采的研究现状及发展趋势分析[J].技术与市场,2016,23(8):197-198.

[23] 白二虎,郭文兵,谭毅,等."条采留巷充填法"绿色协调开采技术[J].煤炭学报,2018,43(增刊1):21-27.

[24] YU Y,CHEN S E,DENG K Z,et al. Long-term stability evaluation and pillar design criterion for room-and-pillar mines[J]. Energies,2017,10(10):1644.

[25] CHEN S J,QU X,YIN D W,et al. Investigation lateral deformation and failure characteristics of strip coal pillar in deep mining[J]. Geomechanics and engineering,2018,14(5):421-428.

[26] YU Y,DENG K Z,CHEN S N. Mine size effects on coal pillar stress and their application for partial extraction[J]. Sustainability,2018,10(3):792.

[27] GAO W,GE M M. Stability of a coal pillar for strip mining based on an elastic-plastic analysis[J]. Internationaljournal of rock mechanics and mining sciences,2016,87:23-28.

[28] SALAMON M D G,MUNRO A H . A study of the strength of coal pillars[J]. Journal of the South African Institute of Mining and Metallurgy,1967,68(2):55-67.

[29] 张立亚,邓喀中.多煤层条带开采地表移动规律[J].煤炭学报,2008,33(1):28-32.

[30] 许家林,赖文奇,谢建林.条带开采沉陷预计误差的实测纠偏方法[J].中国矿业大学学报,2012,41(2):169-174.

[31] 刘贵.条带开采区与全采区隔离煤柱稳定性研究[C]// 2010 全国"三下"采煤与土地复垦学术会议论文集,2010.

[32] 李扬飞,张彦宾,韦乖强.东马驹村下条带开采的采留宽度分析[J].能源技术与管理,2007(6):16-18.

[33] 吴立新,王金庄,刘延安,等.建(构)筑物下压煤条带开采理论与实践[M].徐州:中国矿业大学出版社,1994.

[34] JIAO C W,GENG D Y. Characteristics of surface movements and essentials of coal pillar stability due to mining,proceeding of the international symposium on mining technology and science[M]. Beijing:China Coal Industry Publishing Press,1985.

[35] BAI M,ELSWORTH D. Some aspects of mining under aquifers in China[J]. Mining science and technology,1990,10(1):81-91.

[36] 陈绍杰,郭惟嘉,王亚博,等. 深部条带煤柱长期稳定性基础实验研究[M]. 北京:煤炭工业出版社,2010.

[37] 钱鸣高,石平五. 矿山压力与岩层控制[M]. 徐州:中国矿业大学出版社,2003.

[38] 宋振骐. 实用矿山压力控制[M]. 徐州:中国矿业大学出版社,1988.

[39] SIRIVARDANE A. Displacement based approach for prediction of subsidence caused by long wall mining numerical method[J]. Mining science and technology, 1988, 6(2):205-216.

[40] WOOD L. Modeling finite element analysis of ground subsidence due to mining[D]. Norman:University of Oklahoma,1990.

[41] KARMIS M, TRIPLETT T, HAYCOCKS C, et al. Mining subsidence and its prediction in the appalachian coalfield[J]. International journal of rock mechanics and mining sciences & geomechanics abstracts,1984,21(2):64.

[42] HASENFUS G,JOHNSON H,SU D. A hydrogeomechanical study of overburden aquifer response to longwall mining[C]//7th International Conference on Ground Control in Mining,1988:149-162.

[43] PALCHIK V. Influence of physical characteristics of weak rock mass on height of caved zone over abandoned subsurface coal mines[J]. Environmental geology,2002, 42(1):92-101.

[44] HOLLA L. Some aspects of strata movement related to mining under water bodies in New South Wale,Australia[C]//Proceedings of the Fourth I. M. W. A. Congress, Lubljana,Australia,1991.

[45] SMITH G J,ROSENBAUM M S. Recent underground investigations of abandoned chalk mine workings beneath Norwich City,Norfolk[J]. Engineering geology,1993, 36(1-2):67-78.

[46] MILLER R D,STEEPLES D W,SCHULTE L,et al. Shallow seismic reflection study of a salt dissolution well field near Hutchinson,KS[J]. International journal of rock mechanics and mining sciences & geomechanics abstracts,1993,45(10):1291-1296.

[47] BILL R. Longwall mining in South Africa[J]. Fuel and energy abstracts,1995,36(1): 8.

[48] SINGH R P,YADAV R N. Subsidence due to coal mining in India[C]//Proceedings of the l995 5th International Symposium on land Subsidence,1995.

[49] SINGH R,SINGH T N,DHAR B B. Coal pillar loading in shallow mining conditions [J]. International journal of rock mechanics and mining sciences & geomechanics abstracts,1996,33(8):757-768.

[50] 鲍里索夫. 矿山压力原理与计算[M]. 王庆康,译. 北京:煤炭工业出版社,1986.

[51] 钱鸣高,李鸿昌.采场上覆岩层活动规律及其对矿山压力的影响[J].煤炭学报,1982(2):1-12.

[52] 钱鸣高,刘听成.矿山压力及其控制[M].北京:煤炭工业出版社,1991.

[53] 钱鸣高,缪协兴,何富连.采场"砌体梁"结构的关键块分析[J].煤炭学报,1994,19(6):557-563.

[54] 何富连,钱鸣高,刘学锋,等.大采高液压支架倾倒特征与控制条件[J].中国矿业大学学报,1997,26(4):20-26.

[55] 何富连,钱鸣高,赵庆彪,等.高产高效大采高综采技术的研究与实践[J].阜新矿业学院学报(自然科学版),1997,16(1):5-8.

[56] 高超,徐乃忠,何标庆,等.关键层对特厚煤层综放开采地表沉陷规律的影响研究[J].煤炭科学技术,2019,47(9):229-234.

[57] 张建华,吕兆海,周光华,等.破碎围岩条件下开采扰动区 LSMA 的动力失稳[J].西安科技大学学报,2007,27(4):544-549.

[58] 张建华,蔡晓芒,张世库.清水营煤矿 600m 疏降水法凿井技术研究[J].神华科技,2009,7(4):41-42.

[59] 来兴平,周光华,张建华,等.羊场湾煤矿大断面巷道冒顶现场综合调查与控制分析[J].西北煤炭,2006,4(3):19-21.

[60] 蔡晓芒.清水营煤矿井巷围岩稳定性分析与控制研究[D].西安:西安科技大学,2009.

[61] 马金明.羊场湾煤矿大断面软岩巷道支护研究[D].西安:西安科技大学,2010.

[62] WANG J A,PARK H D,GAO Y T. A new technique for repairing and controlling large-scale collapse in the main transportation shaft,Chengchao iron mine,China[J]. International journal of rock mechanics and mining sciences,2003,40(4):553-563.

[63] 宋振骐,宋扬,刘义学,等.关于采场支承压力的显现规律及其应用[J].山东矿业学院学报,1982(1):1-25.

[64] 煤炭科学研究院北京开采研究所.煤矿地表移动与覆岩破坏规律及其应用[M].北京:煤炭工业出版社,1981.

[65] 康永华,孔凡铭,孙凯.覆岩破坏规律的综合研究技术体系[J].煤炭科学技术,1997,25(11):40-43.

[66] 吴绍倩,石平五.急斜煤层矿压显现规律的研究[J].西安矿业学院学报,1990(2):1-9,58.

[67] 靳钟铭,徐林生.煤矿坚硬顶板控制[M].北京:煤炭工业出版社,1994.

[68] 贾喜荣,杨永善,杨金梁.老顶初次来压后的矿压袭隙带[J].山西煤炭,1994(4):21-22.

[69] 贾喜荣,李海,王青平,等.薄板矿压理论在放顶煤工作面中的应用[J].太原理工大学学报,1999,30(2):179-183.

[70] 曹树刚.采场围岩复合拱力学结构探讨[J].重庆大学学报,1989(1):72-78.

[71] 靳钟铭,张惠轩,宋选民,等.综放采场顶煤变形运动规律研究[J].矿山压力与顶板管

理,1992(1):26-31.

[72] 古全忠,史元伟,齐庆新.放顶煤采场顶板运动规律[J].矿山压力与顶板管理,1995,(3-4):76-80.

[73] 张顶立,王悦汉.综采放顶煤工作面岩层结构分析[J].中国矿业大学学报,1998,27(4):340-343.

[74] 张顶立.综放工作面岩层控制[J].山东科技大学学报(自然科学版),2000,19(1):8-11.

[75] 翟英达,康立勋,朱德仁.面接触块体结构的力学特性研究[J].煤炭学报,2003,28(3):241-245.

[76] 闫少宏,尹希文,许红杰,等.大采高综采顶板短悬臂梁-铰接岩梁结构与支架工作阻力的确定[J].煤炭学报,2011,36(11):1816-1820.

[77] 吴立新,王金庄.连续大面积开采托板控制岩层变形模式的研究[J].煤炭学报,1994,19(3):233-242.

[78] 吴立新,李保生,王金庄,等.重复条采时上层煤柱应力变化及其稳定性的试验研究[J].煤矿开采,1994(2):37-40.

[79] 蒋金泉.老顶岩层板结构断裂规律[J].山东矿业学院学报,1988,7(1):51-58.

[80] 姜耀东,杨英明,马振乾,等.大面积巷式采空区覆岩破坏机理及上行开采可行性分析[J].煤炭学报,2016,41(4):801-807.

[81] 姜福兴,张兴民,杨淑华,等.长壁采场覆岩空间结构探讨[J].岩石力学与工程学报,2006,25(5):979-984.

[82] 谢广祥.综放工作面及其围岩宏观应力壳力学特征[J].煤炭学报,2005,30(3):309-313.

[83] 谢广祥,王磊.采场围岩应力壳力学特征的工作面长度效应[J].煤炭学报,2008,33(12):1336-1340.

[84] 杨科,谢广祥,常聚才.不同采厚围岩力学特征的相似模拟实验研究[J].煤炭学报,2009,34(11):1446-1450.

[85] 黄庆享.浅埋煤层长壁开采顶板控制研究[J].岩石力学与工程学报,1999,18(3):3-5.

[86] 王旭锋.冲沟发育矿区浅埋煤层采动坡体活动机理及其控制研究[D].徐州:中国矿业大学,2009.

[87] 伍永平,解盘石,王红伟,等.大倾角煤层开采覆岩空间倾斜砌体结构[J].煤炭学报,2010,35(8):1252-1256.

[88] 杨俊哲.7.0 m大采高工作面覆岩破断及矿压显现规律研究[J].煤炭科学技术,2017,45(8):1-7.

[89] 韩刚,李旭东,曲晓成,等.采场覆岩空间破裂与采动应力场分布关联性研究[J].煤炭科学技术,2019,47(2):53-58.

[90] 来兴平,张勇,奚家米,等.基于AE的煤岩破裂与动态失稳特征实验及综合分析[J].西安科技大学学报,2006,26(3):289-292.

[91] 来兴平,王春龙,单鹏飞,等.采动覆岩破坏演化特征模型实验与分析[J].西安科技大学学报,2016,36(2):151-156.

[92] 庞义辉,王国法,张金虎,等.超大采高工作面覆岩断裂结构及稳定性控制技术[J].煤炭科学技术,2017,45(11):45-50.

[93] 杨胜利,王兆会,孔德中,等.大采高采场覆岩破断演化过程及支架阻力的确定[J].采矿与安全工程学报,2016,33(2):199-207.

[94] 汪北方,梁冰,孙可明,等.典型浅埋煤层长壁开采覆岩采动响应与控制研究[J].岩土力学,2017,38(9):2693-2700.

[95] 王云广,郭文兵,白二虎,等.高强度开采覆岩运移特征与机理研究[J].煤炭学报,2018,43(增刊1):28-35.

[96] 杨达明,郭文兵,谭毅,等.高强度开采覆岩岩性及其裂隙特征[J].煤炭学报,2019,44(3):786-795.

[97] 李建伟,刘长友,赵杰,等.沟谷区域浅埋煤层采动矿压发生机理及控制研究[J].煤炭科学技术,2018,46(9):104-110.

[98] 郭文兵,娄高中.覆岩破坏充分采动程度定义及判别方法[J].煤炭学报,2019,44(3):755-766.

[99] 韩红凯,王晓振,许家林,等.覆岩关键层结构失稳后的运动特征与"再稳定"条件研究[J].采矿与安全工程学报,2018,35(4):734-741.

[100] 谭毅,郭文兵,杨达明,等.非充分采动下浅埋坚硬顶板"两带"高度分析[J].采矿与安全工程学报,2017,34(5):845-851.

[101] 张培鹏,蒋力帅,刘绪峰,等.高位硬厚岩层采动覆岩结构演化特征及致灾规律[J].采矿与安全工程学报,2017,34(5):852-860.

[102] 李杨,朱恩光,张康宁,等.工作面过破坏区开采方法与覆岩破断规律研究[J].煤炭学报,2017,42(增刊1):16-23.

[103] 于斌,杨敬轩,刘长友,等.大空间采场覆岩结构特征及其矿压作用机理[J].煤炭学报,2019,44(11):3295-3307.

[104] 于斌,朱卫兵,李竹,等.特厚煤层开采远场覆岩结构失稳机理[J].煤炭学报,2018,43(9):2398-2407.

[105] 许猛堂.新疆巨厚煤层开采覆岩活动规律及其控制研究[D].徐州:中国矿业大学,2014.

[106] 翟新献,孙乐乾,涂兴子,等.耿村煤矿综放开采覆岩移动和矿压显现规律研究[J].河南理工大学学报(自然科学版),2018,37(4):1-8.

[107] 李鹏.沟谷地形厚煤层开采覆岩裂隙发育特征与径流水害防治机理研究[D].徐州:中国矿业大学,2019.

[108] 赵杰.沟谷区域浅埋特厚煤层开采覆岩破断失稳规律及控制研究[D].徐州:中国矿业大学,2018.

[109] ZHANG D S,FAN G W,WANG X F. Characteristics and stability of slope move-

ment response to underground mining of shallow coal seams away from gullies[J]. International journal of mining science and technology,2012,22(1):47-50.

[110] FAN G W,ZHANG D S,ZHAI D Y,et al. Laws and mechanisms of slope movement due to shallowly buried coal seam mining under ground gully[J]. Journal of coal science and engineering(China),2009,15(4):346-350.

[111] WANG X F,ZHANG D S,CUI T F,et al. Study on rational width of entry protection coal-pillar in large mining height working face [J]. Advanced materials research,2011,413:404-409.

[112] WANG X F,ZHANG D S,ZHAI D Y,et al. Analysis of activity characteristics of mining-induced slope and key area of roof controlling under bedrock gully slope in shallow coal seam[C]//ICMHPC-2010 International Conference on Mine Hazards Prevention and Control,2010.

[113] ZHANG W, ZHANG D S, MA L Q,et al. Dynamic evolution characteristics of mining-induced fractures in overlying strata detected by radon[J]. Nuclear science and techniques,2011,22(6):334-337.

[114] ZHANG D S,FAN G W,MA L Q,et al. Aquifer protection during longwall mining of shallow coal seams:a case study in the Shendong Coalfield of China[J]. International journal of coal geology,2011,86(2-3):190-196.

[115] ZHANG D S,FAN G W,LIU Y D,et al. Field trials of aquifer protection in longwall mining of shallow coal seams in China[J]. International journal of rock mechanics and mining sciences,2010,47(6):908-914.

[116] 张炜,张东升,马立强,等. 一种氡气地表探测覆岩采动裂隙综合试验系统研制与应用[J]. 岩石力学与工程学报,2011,30(12):2531-2539.

[117] 张炜. 覆岩采动裂隙及其含水性的氡气地表探测机理研究[D]. 徐州:中国矿业大学,2012.

[118] 许猛堂. 厚黄土层薄基岩条带开采地表变形规律及合理采留宽度研究[D]. 徐州:中国矿业大学,2011.

[119] 范钢伟,张东升,马立强. 神东矿区浅埋煤层开采覆岩移动与裂隙分布特征[J]. 中国矿业大学学报,2011,40(2):196-201.

[120] WANG X F,ZHANG D S,FAN G W,et al. Underground pressure characteristics analysis in back-gully mining of shallow coal seam under a bedrock gully slope[J]. Mining science and technology(China),2011,21(1):23-27.

[121] 方新秋,郭敏江,吕志强. 近距离煤层群回采巷道失稳机制及其防治[J]. 岩石力学与工程学报,2009,28(10):2059-2067.

[122] 孙玉宁,李化敏. 煤层群开采矿压显现的时空关系及相互影响研究[J]. 煤炭工程,2004(1):54-58.

[123] 李良林,陈怀合,聂建湘. 近距离煤层开采的矿压显现[J]. 煤炭技术,2004,23(11):

51-53.

[124] 侯多茂.近距离煤层开采时矿压显现规律[J].煤矿开采,2007,12(6):71-74.

[125] 杨宝智,马云.浅析近距离煤层开采巷道集中压力显现规律[J].煤矿支护,2006(2):13-16.

[126] 王晓振,许家林,朱卫兵,等.走向煤柱对近距离煤层大采高综采面矿压影响[J].煤炭科学技术,2009,37(2):1-4,21.

[127] 王晓振,石飞,朱卫兵,等.活鸡兔井沟谷地形下初次来压规律分析[J].能源技术与管理,2009(4):9-11.

[128] 朱涛.极近距离煤层刀柱采空区下长壁开采矿山压力及其控制研究[D].太原:太原理工大学,2007.

[129] 胡仲仙,杨金顺,彭小元,等.极近距离煤层刀柱采空区下走向长壁开采的探讨[J].煤炭科学技术,2000,28(4):43-46.

[130] 杨光玉,贺兴元.局部煤柱下安全采煤技术[J].煤炭科学技术,2001,29(10):16-19.

[131] 吴爱民,左建平.多次动压下近距离煤层群覆岩破坏规律研究[J].湖南科技大学学报(自然科学版),2009,24(4):1-6.

[132] 袁瑞甫,杜锋,宋常胜,等.综放采场重复采动覆岩运移原位监测与分析[J].采矿与安全工程学报,2018,35(4):717-724,733.

[133] 李全生,张忠温,南培珠.多煤层开采相互采动的影响规律[J].煤炭学报,2006,31(4):425-428.

[134] 郑百生,谢文兵,窦林名,等.近距离孤岛工作面动压影响巷道围岩控制[J].中国矿业大学学报,2006,35(4):483-487.

[135] 余学义,刘俊,王鹏,等.特厚煤层分层开采导水裂隙带高度探测研究[J].中州煤炭,2013(7):4-7.

[136] 康永华,赵国玺.覆岩性质对"两带"高度的影响[J].煤矿开采,1998(1):52-54.

[137] 康永华.采煤方法变革对导水裂缝带发育规律的影响[J].煤炭学报,1998,23(3):262-266.

[138] 康永华,黄福昌,席京德.综采重复开采的覆岩破坏规律[J].煤炭科学技术,2001,29(1):22-24.

[139] 王庆照,蒋升,司马俊杰.厚煤层重复采动覆岩破裂发育规律研究[J].山东科技大学学报(自然科学版),2010,29(4):67-71.

[140] 胡炳南.长壁重复开采岩层移动规律研究[J].煤炭科学技术,1999,27(11):43-45.

[141] 余学义,李星亮,王鹏.特厚煤层分层综放开采覆岩破坏规律数值模拟[J].煤炭工程,2012(9):67-69.

[142] 管伟明.大井矿区巨厚煤层多分层开采覆岩活动规律及控制[D].徐州:中国矿业大学,2018.

[143] 赵军.多煤层开采覆岩结构演化规律及矿压控制研究[D].青岛:山东科技大学,2018.

[144] 朱卫兵. 浅埋近距离煤层重复采动关键层结构失稳机理研究[D]. 徐州：中国矿业大学，2010.

[145] 张百胜. 极近距离煤层开采围岩控制理论及技术研究[D]. 太原：太原理工大学，2008.

[146] 白雪斌. 布尔台矿综放面覆岩结构破断与矿压显现规律研究[D]. 徐州：中国矿业大学，2019.

[147] 胡青峰，崔希民，刘文锴，等. 特厚煤层重复开采覆岩与地表移动变形规律研究[J]. 采矿与岩层控制工程学报，2020，2(2)：1-9.

[148] 胡青峰，刘文锴，崔希民，等. 煤柱群下重复开采覆岩与地表沉陷数值模拟实验[J]. 煤矿安全，2019，50(11)：43-47.

[149] 潘瑞凯，曹树刚，李勇，等. 浅埋近距离双厚煤层开采覆岩裂隙发育规律[J]. 煤炭学报，2018，43(8)：2261-2268.

[150] 杨国枢，王建树. 近距离煤层群二次采动覆岩结构演化与矿压规律[J]. 煤炭学报，2018，43(增刊2)：353-358.

[151] 刘世奇，许延春，郭文砚，等. 近距离多煤层重复采动"两带"高度预计方法改进[J]. 煤炭科学技术，2018，46(5)：74-80.

[152] 王秀元. 关于房柱式采空区集中煤柱下动载矿压灾害的防治[J]. 科学技术创新，2019(21)：143-144.

[153] 李康. 上覆残采煤层不均衡空间结构冲击致灾研究[J]. 煤炭科学技术，2020(2)：1-8.

[154] 赵忠. 采空区保护煤柱对下层煤开采覆岩移动影响分析[J]. 山西能源学院学报，2018，31(5)：7-9，12.

[155] 王业恒. 晋华宫煤矿煤柱下坚硬顶板工作面大面积冒顶机理及控制研究[D]. 徐州：中国矿业大学，2019.

[156] 王方田. 浅埋房式采空区下近距离煤层长壁开采覆岩运动规律及控制[D]. 徐州：中国矿业大学，2012.

[157] 方齐. 膏体带状充填开采复合支撑体稳定性模拟研究[D]. 徐州：中国矿业大学，2016.

[158] 许家林，尤琪，朱卫兵，等. 条带充填控制开采沉陷的理论研究[J]. 煤炭学报，2007，32(2)：119-122.

[159] 张华兴，郭爱国. 宽条带充填全柱开采的地表沉陷影响因素研究[J]. 煤炭企业管理，2006(6)：56-57.

[160] 王金庄，吴立新. 建(构)筑物下条带开采覆岩移动机理与实践[J]. 煤，1998，7(6)：6-7.

[161] 邹友峰，马伟民. 条带开采尺寸设计及其地表沉陷的研究现状[J]. 中州煤炭，1993(2)：7-10.

[162] 张文泉，刘海林，赵凯. 厚松散层薄基岩条带开采地表沉陷影响因素研究[J]. 采矿与安全工程学报，2016，33(6)：1065-1071.

[163] 王旭春,黄福昌,张怀新,等.A H 威尔逊煤柱设计公式探讨及改进[J].煤炭学报, 2002,27(6):604-608.

[164] 李春意,崔希民,郭增长,等.大采深条带开采地表移动和变形的预计[J].采矿与安全 工程学报,2008,25(4):435-439.

[165] 邹友峰.条带开采地表沉陷预计新方法[J].煤,1996,5(4):12-14,56.

[166] 郭文兵.深部大采宽条带开采地表移动的预计[J].煤炭学报,2008,33(4):368-372.

[167] 赖文奇,许家林.近水平煤层条带开采实测纠偏方法适用性研究[J].采矿与安全工程 学报,2011,28(2):273-278.

[168] 范立民,马雄德,蒋泽泉,等.保水采煤研究 30 年回顾与展望[J].煤炭科学技术, 2019,47(7):1-30.

[169] 邹友峰.条带开采优化设计及其地表沉陷预计的三维层状介质理论[M].北京:科学 出版社,2011.

[170] 余学义,刘传杰.亭南煤矿村庄下宽条带开采地表移动规律研究[J].煤炭工程,2019, 51(5):118-122.

[171] 刘二帅.上河煤矿条带充填开采覆岩载荷传递规律研究[D].西安:西安科技大 学,2019.

[172] 赵云龙,潘东江,王海琳,等.宽窄条带间隔部分充填的准静态开采实验研究[J].煤矿 开采,2015,20(6):10-14,30.

[173] 夏张琦,刘晓云,施耀斌,等.某浅埋矿床条带法开采地表沉降与开采强度关系的试验 研究[J].化工矿物与加工,2015,44(9):21-25.

[174] 吴侃,葛家新.开采沉陷预计一体化方法[M].徐州:中国矿业大学出版社,1998.

[175] 余学义.采动地表沉陷破坏预计评价方法[J].煤矿设计,1997(5):7-10.

[176] 谢和平,周宏伟,王金安,等.FLAC 在煤矿开采沉陷预测中的应用及对比分析[J].岩 石力学与工程学报,1999,18(4):397-401.

[177] 赵扬锋,张华兴,潘一山.条带开采中采出率对地表沉陷影响的数值模拟研究[J].煤 矿开采,2003,8(3):1-3.

[178] 张吉雄,缪协兴.煤矿矸石井下处理的研究[J].中国矿业大学学报,2006,35(2): 197-200.

[179] 缪协兴,张吉雄.矸石充填采煤中的矿压显现规律分析[J].采矿与安全工程学报, 2007,24(4):379-382.

[180] 缪协兴,巨峰,黄艳利,等.充填采煤理论与技术的新进展及展望[J].中国矿业大学学 报,2015,44(3):391-399.

[181] 张吉雄,缪协兴,茅献彪,等.建筑物下条带开采煤柱矸石置换开采的研究[J].岩石力 学与工程学报,2007,26(增1):2687-2693.

[182] 张吉雄,缪协兴,郭广礼.矸石(固体废物)直接充填采煤技术发展现状[J].采矿与安 全工程学报,2009,26(4):395-401.

[183] ZHANG J X,LI B Y,ZHOU N,et al. Application of solid backfilling to reduce hard-

roof caving and longwall coal face burst potential[J]. International journal of rock mechanics and mining sciences,2016,88:197-205.

[184] 张吉雄. 矸石直接充填综采岩层移动控制及其应用研究[D]. 徐州:中国矿业大学,2008.

[185] 黄艳利,张吉雄,杜杰. 综合机械化固体充填采煤的充填体时间相关特性研究[J]. 中国矿业大学学报,2012,41(5):697-701.

[186] 黄艳利. 固体密实充填采煤的矿压控制理论与应用研究[D]. 徐州:中国矿业大学,2012.

[187] 吴晓刚. 固体充填材料力学特性研究及应用[D]. 徐州:中国矿业大学,2014.

[188] 周楠. 固体充填防治坚硬顶板动力灾害机理研究[D]. 徐州:中国矿业大学,2014.

[189] ZHOU N,ZHANG J X,YAN H,et al. Deformation behavior of hard roofs in solid backfill coal mining using physical models[J]. Energies,2017,10(4):557.

[190] 张强. 固体充填体与液压支架协同控顶机理研究[D]. 徐州:中国矿业大学,2015.

[191] 张强,张吉雄,巨峰,等. 固体充填采煤充实率设计与控制理论研究[J]. 煤炭学报,2014,39(1):64-71.

[192] LI M,ZHANG J X,DENG X J,et al. Measurement and numerical analysis of water-conducting fractured zone in solid backfill mining under an aquifer:a case study in China[J]. Quarterly journal of engineering geology and hydrogeology,2017,50(1):81-87.

[193] 李猛,张吉雄,黄艳利,等. 基于固体充填材料压实特性的充实率设计研究[J]. 采矿与安全工程学报,2017,34(6):1110-1115.

[194] 周华强,侯朝炯,孙希奎,等. 固体废物膏体充填不迁村采煤[J]. 中国矿业大学学报,2004,33(2):154-158.

[195] 瞿群迪. 采空区膏体充填岩层控制的理论与实践[D]. 徐州:中国矿业大学,2007.

[196] 瞿群迪,周华强,侯朝炯,等. 煤矿膏体充填开采工艺的探讨[J]. 煤炭科学技术,2004,32(10):67-69.

[197] 常庆粮,唐维军,李秀山. 膏体充填综采底板破坏规律与实测研究[J]. 采矿与安全工程学报,2016,33(1):96-101.

[198] 赵才智,周华强,瞿群迪,等. 膏体充填料浆流变性能的实验研究[J]. 煤炭科学技术,2006,34(8):54-56.

[199] 赵才智. 煤矿新型膏体充填材料性能及其应用研究[D]. 徐州:中国矿业大学,2008.

[200] 戚庭野. 煤矿膏体充填材料不同条件下的电阻率特性及应用研究[D]. 太原:太原理工大学,2015.

[201] 王光伟. 膏体充填开采遗留条带煤柱的理论研究与实践[D]. 徐州:中国矿业大学,2014.

[202] 胡华,孙恒虎,黄玉诚. 似膏体充填料浆流变特性及其多因素影响分析[J]. 有色金属(矿山部分),2003,55(3):4-7.

[203] 胡华,孙恒虎,黄玉诚,等.似膏体粘弹塑性流变模型与流变方程研究[J].中国矿业大学学报,2003,32(2):119-122.

[204] 黄玉诚,孙恒虎.尾砂作骨料的似膏体料浆流变特性实验研究[J].金属矿山,2003(6):8-10.

[205] 孙文标,孙恒虎,刘建庄,等.似膏体充填料浆配合比的实验研究[J].中国矿业,2005,14(8):70-71.

[206] 赵龙生,孙恒虎,孙文标,等.似膏体料浆流变特性及其影响因素分析[J].中国矿业,2005,14(10):45-48.

[207] 孙恒虎,黄玉诚,杨宝贵.当代胶结充填技术[M].北京:冶金工业出版社,2002.

[208] 孙恒虎,刘文永.高水固结充填采矿[M].北京:机械工业出版社,1998.

[209] 孙恒虎,宋存义.高水速凝材料及其应用[M].徐州:中国矿业大学出版社,1994.

[210] 黄玉诚,孙恒虎,刘文永.高水材料胶结充填工艺在焦家金矿的应用研究[J].黄金,1998,19(3):25-27.

[211] 冯光明.超高水充填材料及其充填开采技术研究与应用[D].徐州:中国矿业大学,2009.

[212] 冯光明,王成真,李凤凯,等.超高水材料开放式充填开采研究[J].采矿与安全工程学报,2010,27(4):453-457.

[213] 冯光明,孙春东,王成真,等.超高水材料采空区充填方法研究[J].煤炭学报,2010,35(12):1963-1968.

[214] 冯光明,丁玉,朱红菊,等.矿用超高水充填材料及其结构的实验研究[J].中国矿业大学学报,2010,39(6):813-819.

[215] 冯光明,贾凯军,李凤凯,等.超高水材料开放式充填开采覆岩控制研究[J].中国矿业大学学报,2011,40(6):841-845.

[216] 冯光明,贾凯军,尚宝宝.超高水充填材料在采矿工程中的应用与展望[J].煤炭科学技术,2015,43(1):5-9.

[217] 孙春东.超高水材料长壁充填开采覆岩活动规律及其控制研究[D].徐州:中国矿业大学,2012.

[218] 张立亚.超高水材料充填开采设计方法及地表移动控制分析[D].徐州:中国矿业大学,2012.

[219] 贾凯军.超高水材料袋式充填开采覆岩活动规律与控制研究[D].徐州:中国矿业大学,2015.

[220] 贾凯军,冯光明,李凤凯.矿用超高水充填材料制浆系统研究与应用[J].山东科技大学学报(自然科学版),2011,30(6):8-14.

[221] 郭惟嘉,孙熙震,穆玉娥,等.重复采动地表非连续变形规律与机理研究[J].煤炭科学技术,2013,41(2):1-4.

[222] 王悦汉,邓喀中,张冬至,等.重复采动条件下覆岩下沉特性的研究[J].煤炭学报,1998,23(5):470-475.

[223] 麻凤海,丁彧.大倾角多煤层开采地表移动规律的数值模拟研究[J].中国矿业,2009,18(6):71-73.

[224] 麻凤海,范学理,王泳嘉.巨系统复合介质岩层移动模型及工程应用[J].岩石力学与工程学报,1997,16(6):536-543.

[225] WU K,WANG Y H,DENG K Z. Application of dynamic mechanics model of overlying strata movement and damage above goaf[J]. Journal of China University of Mining and Technology,2000,29(1):34-36.

[226] 高明中,余忠林.厚冲积层急倾斜煤层群开采重复采动下的开采沉陷[J].煤炭学报,2007,32(4):347-352.

[227] 郭强.陈家沟煤矿厚煤层分层综放开采地表沉陷灾害特征及防治措施[D].西安:西安科技大学,2018.

[228] 蒯洋,刘辉,朱晓峻,等.厚松散层下多煤层重复开采地表移动规律[J].煤田地质与勘探,2018,46(2):130-136.

[229] 蒯洋.厚松散层下重复开采地表变形参数研究:以淮南矿区为例[D].合肥:安徽大学,2018.

[230] 张广汉.重复开采地表移动变形规律分析:以朱集东矿为例[D].淮南:安徽理工大学,2018.

[231] 马立强,张东升,刘玉德,等.薄基岩浅埋煤层保水开采技术研究[J].湖南科技大学学报(自然科学版),2008,23(1):1-5.

[232] 蒋军.薄基岩浅埋深下开采沉陷规律研究[D].西安:西安科技大学,2014.

[233] 易四海,朱伟,刘德民.薄基岩厚松散层条件覆岩破坏规律研究[J].煤炭工程,2019,51(11):86-91.

[234] 郝兵元.厚黄土薄基岩煤层开采岩移及土壤质量变异规律的研究[D].太原:太原理工大学,2009.

[235] 陈彬.厚松散含水层薄基岩采场围岩与支架的作用关系研究[D].淮南:安徽理工大学,2017.

[236] 方新秋,黄汉富,金桃,等.厚表土薄基岩煤层开采覆岩运动规律[J].岩石力学与工程学报,2008,27(增1):2700-2706.

[237] 万晓.巨厚冲积层下综放面覆岩结构演化及顶板控制研究[D].青岛:山东科技大学,2011.

[238] 杨伟峰,隋旺华.薄基岩条带开采工程地质力学模型试验研究[J].中国矿业大学学报,2004,33(2):170-173.

[239] 薛东杰,周宏伟,任伟光,等.浅埋深薄基岩煤层组开采采动裂隙演化及台阶式切落形成机制[J].煤炭学报,2015,40(8):1746-1752.

[240] 杜锋,郑金雷.薄基岩综放采场支架-围岩关系研究[J].采矿与安全工程学报,2017,34(3):418-424.

[241] 刘世奇.厚煤层开采覆岩破坏规律及粘土隔水层采动失稳机理研究[D].北京:中国

矿业大学(北京),2016.

[242] 周虎.浅埋薄基岩巨厚土层下放顶煤开采覆岩运移规律研究[D].西安:西安科技大学,2013.

[243] 张镇.薄基岩浅埋采场上覆岩层运动规律研究与应用[D].青岛:山东科技大学,2007.

[244] 张通,袁亮,赵毅鑫,等.薄基岩厚松散层深部采场裂隙带几何特征及矿压分布的工作面效应[J].煤炭学报,2015,40(10):2260-2268.

[245] 汪锋.采动覆岩结构的"关键层—松散层拱"理论及其应用研究[D].徐州:中国矿业大学,2016.

[246] 汤伏全.西部厚黄土层矿区开采沉陷预计模型[J].煤炭学报,2011,36(增刊1):74-78.

[247] 刘吉波.厚松散层条件三维地质建模与开采沉陷规律研究[D].北京:中国矿业大学(北京),2014.

[248] 石磊.厚松散层条件下概率积分法求参方法研究[D].淮南:安徽理工大学,2016.

[249] 孟凡迪.巨厚松散层下地表移动规律研究[D].焦作:河南理工大学,2012.

[250] 李云飞.西北厚松散层地区开采沉陷规律研究[D].西安:西安科技大学,2014.

[251] 王金庄,常占强,陈勇.厚松散层条件下开采程度及地表下沉模式的研究[J].煤炭学报,2003,28(3):230-234.

[252] 潘申运.厚松散层开采下地表移动变形预计方法研究[D].淮南:安徽理工大学,2014.

[253] 高永格.厚松散层下采动覆岩运移规律及地表沉陷时空预测研究[D].北京:中国矿业大学(北京),2017.

[254] 顾伟.厚松散层下开采覆岩及地表移动规律研究[D].徐州:中国矿业大学,2013.

[255] 赵丽.巨厚松散层下地表移动参数解算与移动变形预计[D].淮南:安徽理工大学,2013.

[256] 刘继岩.新建矿井厚黄土层条件下覆岩动态破坏规律研究[D].北京:中国矿业大学(北京),2010.

[257] 侯忠杰,张杰.厚松散层浅埋煤层覆岩破断判据及跨距计算[J].辽宁工程技术大学学报,2004,23(5):577-580.

[258] 陈俊杰,邹友峰,郭文兵.厚松散层下下沉系数与采动程度关系研究[J].采矿与安全工程学报,2012,29(2):250-254.

[259] 任卫兵.厚松散层薄基岩采场覆岩移动及矿压显现规律研究[D].淮南:安徽理工大学,2013.

[260] 应治中.近浅埋薄基岩煤层开采隔水层破坏机理研究[D].淮南:安徽理工大学,2015.

[261] 田成东.巨厚煤层开采覆岩破坏规律及地表变形研究[D].徐州:中国矿业大学,2016.

[262] 王国立.浅埋薄基岩采煤工作面覆岩纵向贯通裂隙演化规律研究[D].北京:中国矿业大学(北京),2016.

[263] 王连国,王占盛,黄继辉,等.薄基岩厚风积沙浅埋煤层导水裂隙带高度预计[J].采矿与安全工程学报,2012,29(5):607-612.

[264] 徐平,周跃进,张敏霞,等.厚松散层薄基岩充填开采覆岩裂隙发育分析[J].采矿与安全工程学报,2015,32(4):617-622.

[265] 方新秋,郝宪杰,兰奕文.坚硬薄基岩浅埋煤层合理强制放顶距的确定[J].岩石力学与工程学报,2010,29(2):388-393.

[266] 贾后省,马念杰,赵希栋,等.深埋薄基岩大跨度切眼顶板失稳垮落规律[J].采矿与安全工程学报,2014,31(5):702-708.

[267] 李正杰.浅埋薄基岩综采面覆岩破断机理及与支架关系研究[D].北京:煤炭科学研究总院,2014.

[268] 贾后省,马念杰,赵希栋.浅埋薄基岩采煤工作面上覆岩层纵向贯通裂隙"张开—闭合"规律[J].煤炭学报,2015,40(12):2787-2793.

[269] 张华磊,涂敏,程桦,等.深埋薄基岩煤层采场顶板破断机制研究[J].采矿与安全工程学报,2017,34(5):825-831.

[270] 杜锋,白海波,黄汉富,等.薄基岩综放采场基本顶周期来压力学分析[J].中国矿业大学学报,2013,42(3):362-369.

[271] 张随喜.近距离煤层群下位煤层回采巷道布置及支护技术研究[D].徐州:中国矿业大学,2011.

[272] 王贵荣.厚黄土薄基岩地区开采沉陷规律探讨[J].西安科技大学学报,2006,26(4):443-445,450.

[273] 秦长才.厚松散层重复采动条件下地表移动变形规律研究[D].淮南:安徽理工大学,2015.

[274] 吕磊.厚松散层重复采动条件下地表移动规律研究:以卧龙湖煤矿首采区为例[D].淮南:安徽理工大学,2012.

[275] 吴鸿涛.厚松散层重复采动下地表沉陷移动规律研究[D].淮南:安徽理工大学,2016.

[276] 陈磊.巨厚冲积层薄基岩下开采地表移动规律研究[D].焦作:河南理工大学,2011.

[277] 神克强.巨厚松散层下开采覆岩移动规律研究及应用[D].淮南:安徽理工大学,2009.

[278] 张丁丁.兖州矿区第四系厚松散层沉降特性研究[D].西安:西安科技大学,2015.

[279] 刘义新,戴华阳,姜耀东,等.厚松散层大采深下采煤地表移动规律研究[J].煤炭科学技术,2013,41(5):117-120,124.

[280] 许国胜,李德海,侯得峰,等.厚松散层下开采地表动态移动变形规律实测及预测研究[J].岩土力学,2016,37(7):2056-2062.

[281] 杨伟峰.薄基岩条带开采覆岩与地表移动变形机理的研究及优化设计[D].徐州:中

国矿业大学,2003.

[282] 许家林,钱鸣高.关键层运动对覆岩及地表移动影响的研究[J].煤炭学报,2000,
       25(2):122-126.

[283] 缪协兴,钱鸣高.采动岩体的关键层理论研究新进展[J].中国矿业大学学报,2000,
       29(1):25-29.

[284] 于飞,刘方,温兴林.大采深厚松散层薄基岩条采地表移动特征研究[J].煤炭技术,
       2019,38(9):4-6.

[285] 沈会初,褚廷民,张少春.巨厚黄土层下采动引起的地表塌陷裂缝区复垦问题探讨
       [J].陕西煤炭,2004,23(3):12-14.

[286] 刘义新,戴华阳,姜耀东.厚松散层矿区采动岩土体移动规律模拟试验研究[J].采矿
       与安全工程学报,2012,29(5):700-706.

[287] 黄庆享.浅埋煤层长壁开采顶板结构及岩层控制研究[M].徐州:中国矿业大学出版
       社,2000.

[288] 钱鸣高,缪协兴,许家林,等.岩层控制的关键层理论[M].徐州:中国矿业大学出版
       社,2003.

[289] 李浩荡,杨汉宏,张斌,等.浅埋房式采空区集中煤柱下综采动载控制研究[J].煤炭学
       报,2015,40(增刊1):6-11.

[290] 焦光兴,贾连鑫.特殊条件下辅巷多通道支架回撤技术[J].陕西煤炭,2015(2):
       94-96.